Umweltbundesamt
Federal Environment Agency – Austria

ABFALLAUFKOMMEN IN ÖSTERREICH

Materialien zum Bundes-Abfallwirtschaftsplan 1998

Hans Jörg KRAMMER

Karin PERZ

MONOGRAPHIEN
Band 101
M-101

Klagenfurt, Juni 1998

Bundesministerium für Umwelt, Jugend und Familie

Projektleitung
Hans Jörg Krammer

Autoren
Hans Jörg Krammer
Karin Perz
unter Mitarbeit von Patrizia Dreier und Manfred Domenig

Übersetzung
Ulrike Stärk

Satz/Layout
Hannelore Proprentner

Titelphoto
Errichtung eines neuen Deponieabschnittes mit Basisabdichtung (Bernhard Gröger)

Der Bundes-Abfallwirtschaftsplan bzw. Bundesabfallbericht 1998 enthält eine zusammenfassende Bestandsaufnahme der Situation der Abfallwirtschaft, daraus abgeleitete Vorgaben zur Abfallvermeidung, -verwertung und -entsorgung sowie Maßnahmen zur Erreichung der Ziele. Grundlage dafür waren die folgenden vom Umweltbundesamt erarbeiteten und veröffentlichten **Materialien zum Bundes-Abfallwirtschaftsplan 1998**:

- **Abfallaufkommen in Österreich (Serie „Monographien", Bd. 101)**
- Gefährliche Abfälle und Altöle in Österreich (Serie „Monographien", Bd. 102)
- Nicht gefährliche Abfälle in Österreich (Serie „Monographien", Bd. 103)
  mit dem Schwerpunkt „Abfälle aus Haushalten und ähnlichen Einrichtungen"

Weiterführende Angaben sind über die „Abfallwirtschaftliche Stoff- und Anlagendatenbank" abrufbar (siehe homepage des Umweltbundesamtes: http://www.ubavie.gv.at)

Impressum

Medieninhaber und Herausgeber: Umweltbundesamt (Federal Environment Agency)
Spittelauer Lände 5, A-1090 Wien (Vienna), Austria

Druck: Radinger, Scheibbs

ISBN 3-85457-442-8

Bundes-Abfallwirtschaftsplan 1998 – Materialienbände

Das Abfallwirtschaftsgesetz 1990 legt im § 5 fest, daß der Bundesminister für Umwelt, Jugend und Familie zur Verwirklichung der Ziele und Grundsätze der Abfallwirtschaft einen Bundes-Abfallwirtschaftsplan zu erlassen hat, der alle drei Jahre fortzuschreiben ist. Nach der Erstellung des ersten Planes im Jahre 1992 liegt nun die zweite Fortschreibung vor.

Dazu wurden vom Umweltbundesamt Materialienbände zu folgenden Themen erstellt:

- Abfallaufkommen in Österreich
- Gefährliche Abfälle und Altöle in Österreich
- Nicht gefährliche Abfälle in Österreich mit dem Schwerpunkt Abfälle aus Haushalten und ähnlichen Einrichtungen

Vertiefende und laufend aktualisierte Informationen über Behandlungs- und Verwertungsanlagen in Österreich sind über die *„homepage"* des Umweltbundesamtes (http://www.ubavie.gv.at) aus der „Abfallwirtschaftlichen Stoff- und Anlagendatenbank" abrufbar.

Abfallaufkommen in Österreich (Band 1)

Die Massenangaben zum Abfallaufkommen basieren auf Erhebungen der Ämter der Landesregierungen, auf Ergebnissen von Branchenkonzepten, auf Auswertungen aus dem Abfalldatenverbund (AbfDV) und auf Expertenmeinungen. Sie stellen vor allem bei den nicht gefährlichen Abfällen (mit Ausnahme von Abfällen aus Haushalten und ähnlichen Einrichtungen) zum überwiegenden Teil Annahmen und damit Massenpotentiale dar, geben aber einen realistischen Überblick über das abfallwirtschaftliche Geschehen in Österreich.

Abfallaufkommen in Österreich

Massen- und Mengenpotentiale	Mio t	Mio m³
Gefährliche Abfälle und Altöle	0,76	0,56
Abfälle aus Haushalten und ähnlichen Einrichtungen	2,8	17,0
Bodenaushub	20,0	7,4
Baurestmassen und Baustellenabfälle (BRM)	6,4	2,9
Abfälle mineralischen Ursprungs ohne Baurestmassen	4,0	2,3
Holzabfälle ohne Holzverpackungen	3,3	10,1
Abfälle aus der Wasseraufbereitung, Abwasserbehandlung und der Gewässernutzung	2,3	1,5
Getrennt gesammelte Altstoffe aus Gewerbe und Industrie	2,1	6,0
Sonstige nicht gefährliche Abfälle	4,9	6,7
Summen (gerundet)	**46,5**	**54,5**

Unter Berücksichtigung des weitestgehend unbedenklichen Bodenaushubes von rd. 20 Mio t ergibt sich somit ein Gesamtmassenpotential von rd. 46,5 Mio t pro Jahr.

Die Verwertung und Behandlung dieser Abfälle erfolgt in ca. 1.500 Anlagen, die Abfälle von Dritten übernehmen.

Abfallwirtschaftlich relevante Anlagen in Österreich

Anlagentyp	Anzahl	in t/a oder m³
Chemisch-physikalische Behandlungsanlagen	28	465.000 t/a
Spezielle Verwertungs- und Behandlungsanlagen	über 100	467.000 t/a
Thermische Verwertungs- und Behandlungsanlagen	65	1.800.000 t/a
Biotechnische Vorbehandlungsanlagen für Restmüll	9	303.000 t/a
Biotechnische Anlagen für getrennt gesammelte biogene Abfälle	489	763.000 t/a
Sortieranlagen für getrennt erfaßte Altstoffe	98	650.000 t/a
Altstoffverwertungsanlagen	67	1.900.000 t/a
Zwischenlager für Reststoffe aus der Sortierung	3	110.000 t/a
Baurestmassenaufbereitungsanlagen	160	5.000.000 t/a
Baurestmassen- und Bodenaushubdeponien	400	18.000.000 m³
Mülldeponien	61	32.500.000 m³

Quelle: Umweltbundesamt-Anlagendatenbank (Datenstand Mai 1998)

Analysen unter Berücksichtigung der Planungsaktivitäten in Österreich ergaben, daß zusätzlich zu den vorhandenen Verbrennungsleistungen für rd. 2,85 Mio t Abfälle Verbrennungskapazitäten geschaffen werden müssen.

Zusätzlich notwendige Verbrennungskapazitäten

- *rd. 40.000 t für gefährliche Abfälle*
- *bis zu 0,8 Mio t für Abfälle aus Haushalten und ähnlichen Einrichtungen*
- *rd. 2,0 Mio t für andere nicht gefährliche Abfälle*

Gefährliche Abfälle und Altöle in Österreich (Band 2)

Art, Menge, Herkunft und Verbleib von gefährlichen Abfällen müssen mit Begleitscheinen nachgewiesen werden. Eine Auswertung der Begleitscheinmeldungen aus dem Abfalldatenverbund hat für das Jahr 1996 ergeben, daß in Österreich rd. 600.000 t gefährliche Abfälle angefallen sind. Den größten Anteil machen Aschen und Schlacken aus Abfallverbrennungsanlagen, Altautos, ölverunreinigte Böden und Altöle aus.

1996 wurden rd. 40.000 t gefährliche Abfälle exportiert bzw. rd. 20.000 t importiert. Beispielsweise wurde die gesamte angefallene Masse an aluminiumhaltigen Salzschlacken und rd. 90 % der Stäube, Aschen und Krätzen aus Schmelzprozessen ausgeführt. Nach Österreich zur Verwertung importiert wurden vorwiegend nickelhaltige Katalysatoren und Bleiakkumulatoren.

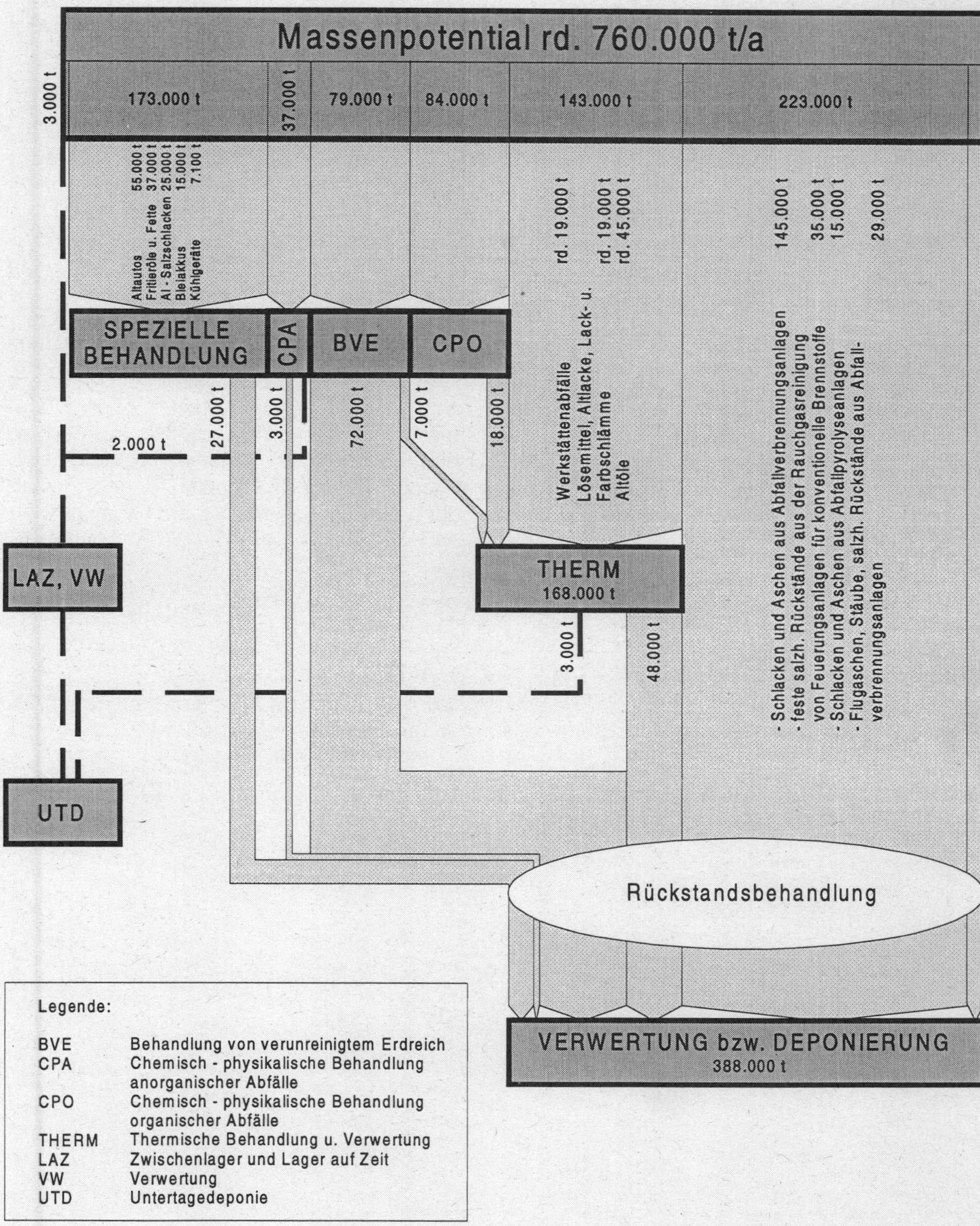

Entsorgung gefährlicher Abfälle (SOLL-Zustand 1998)

Dem Abfalldatenverbund werden jedoch nicht alle in Österreich anfallenden gefährlichen Abfälle gemeldet. Neueste Untersuchungen für den Bundes-Abfallwirtschaftsplan 1998 ergaben, daß das gesamte Massenpotential an gefährlichen Abfällen rd. 760.000 t/a beträgt. Die wesentlichen Ursachen für auftretende Unterschiede sind:

- Nachweis der Nicht-Gefährlichkeit: Über solche "ausgestuften" Abfälle liegen – naturgemäß – keine Begleitscheine vor.
- Innerbetriebliche Verwertung von gefährlichen Abfällen: Diese ist nicht begleitscheinpflichtig und somit sind die Mengen der innerbetrieblich verwerteten gefährlichen Abfälle nicht im Abfalldatenverbund erfaßt.
- Verschiedene Abfälle, für die Massenpotentiale angegeben wurden, bestehen nur zum Teil aus gefährlichen Abfällen. Nach zulässiger Abtrennung wird nur der Anteil gefährlicher Abfälle gemeldet.

Aufgrund dieser Tatsachen muß die tatsächlich erfaßte Menge gefährlicher Abfälle stets unter dem Massenpotential gefährlicher Abfälle liegen.

Für die Sammlung, Zwischenlagerung und den Transport gefährlicher Abfälle stehen ausreichende Kapazitäten zur Verfügung. Die Gegenüberstellung der erforderlichen mit den bestehenden Behandlungskapazitäten zeigt, daß für die chemisch-physikalische, biotechnische sowie spezielle Behandlung gefährlicher Abfälle ausreichende Durchsatzleistungen vorhanden sind. Der Handlungsbedarf im Bereich der Behandlungsanlagen läßt sich wie folgt zusammenfassen:

- Chemisch-physikalische Behandlungsanlagen: Auf Grundlage von technischen Mindestanforderungen sind Altanlagen an den Stand der Technik für Neuanlagen nachzurüsten.
- Thermische Behandlungsanlagen: Es ist davon auszugehen, daß zukünftig weitere Kapazitäten im Ausmaß von zumindest 40.000 t/a zu schaffen sind.
- Deponien: Entsprechend den Vorgaben der Deponieverordnung sind gefährliche Abfälle durch vorgelagerte Behandlungsschritte in einen deponiefähigen Zustand zu bringen.

Nicht gefährliche Abfälle in Österreich (Band 3)

Abfälle aus Haushalten und ähnlichen Einrichtungen

Im Jahr 1996 sind rd. 2,78 Mio t bzw. 344 kg/Ew Abfälle aus Haushalten und ähnlichen Einrichtungen angefallen.

Davon wurden über die öffentliche Müllabfuhr rd. 1,29 Mio t Restmüll und rd. 221.000 t Sperrmüll entsorgt. Daneben konnten rd. 24.000 t Problemstoffe, rd. 879.000 t Altstoffe und rd. 360.000 t biogene Abfälle über getrennte Sammlungen (Biotonne) erfaßt werden; dies entspricht rd. 45,5 % des Abfallaufkommens aus Haushalten und ähnlichen Einrichtungen.

Die Verwertung und Behandlung der rd. 2,78 Mio t Abfälle aus Haushalten und ähnlichen Einrichtungen erfolgte 1996 zu

- 31,7 % in Anlagen zur stofflichen Verwertung von getrennt gesammelten Altstoffen,
- 13,0 % in Anlagen zur Verwertung von getrennt erfaßten biogenen Abfällen,
- 0,8 % in Anlagen zur Behandlung von Problemstoffen,
- 7,0 % in Anlagen zur mechanisch-biologischen Vorbehandlung von Restmüll,
- 15,5 % in Anlagen zur thermischen Behandlung von Restmüll bzw. von Reststoffen,
- 32,0 % direkt und unbehandelt auf Mülldeponien.

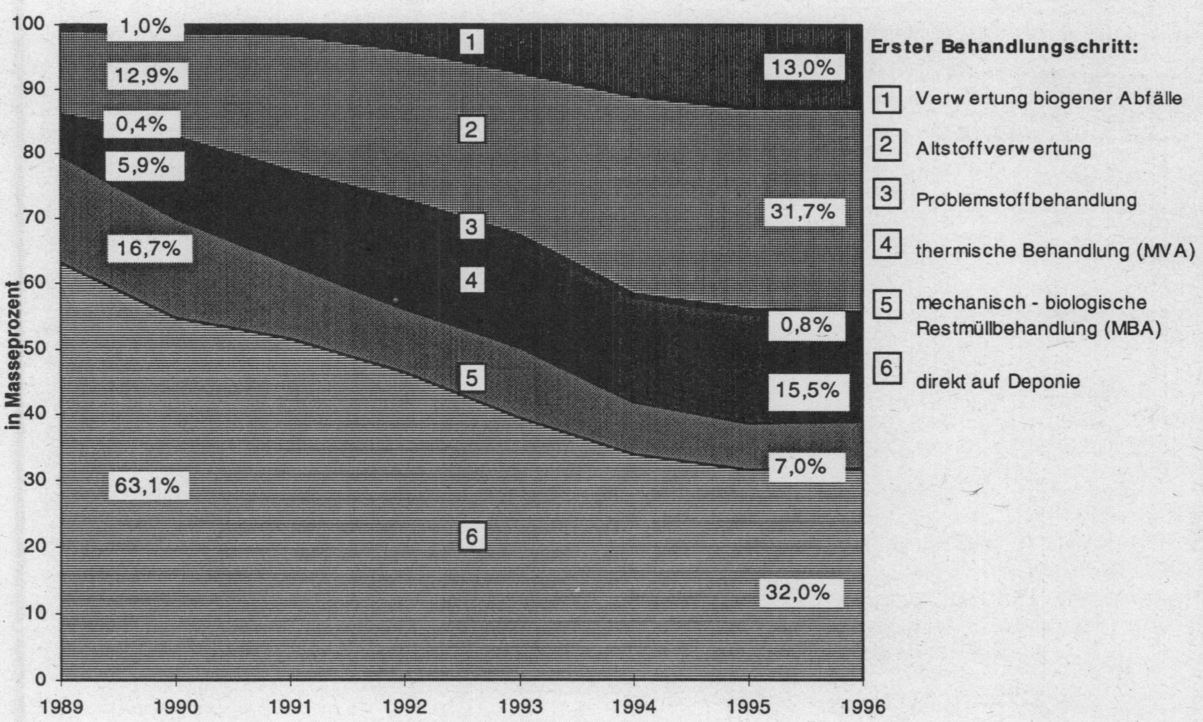

Verwertung und Behandlung von Abfällen aus Haushalten und ähnlichen Einrichtungen 1989 - 1996

Mit den Reststoffen aus der Verwertung und Behandlung gelangten 1996 rd. 45 % der Abfälle aus Haushalten und ähnlichen Einrichtungen auf Deponien. Im Jahr 1993 wurden rd. 55 % dieser Abfälle deponiert.

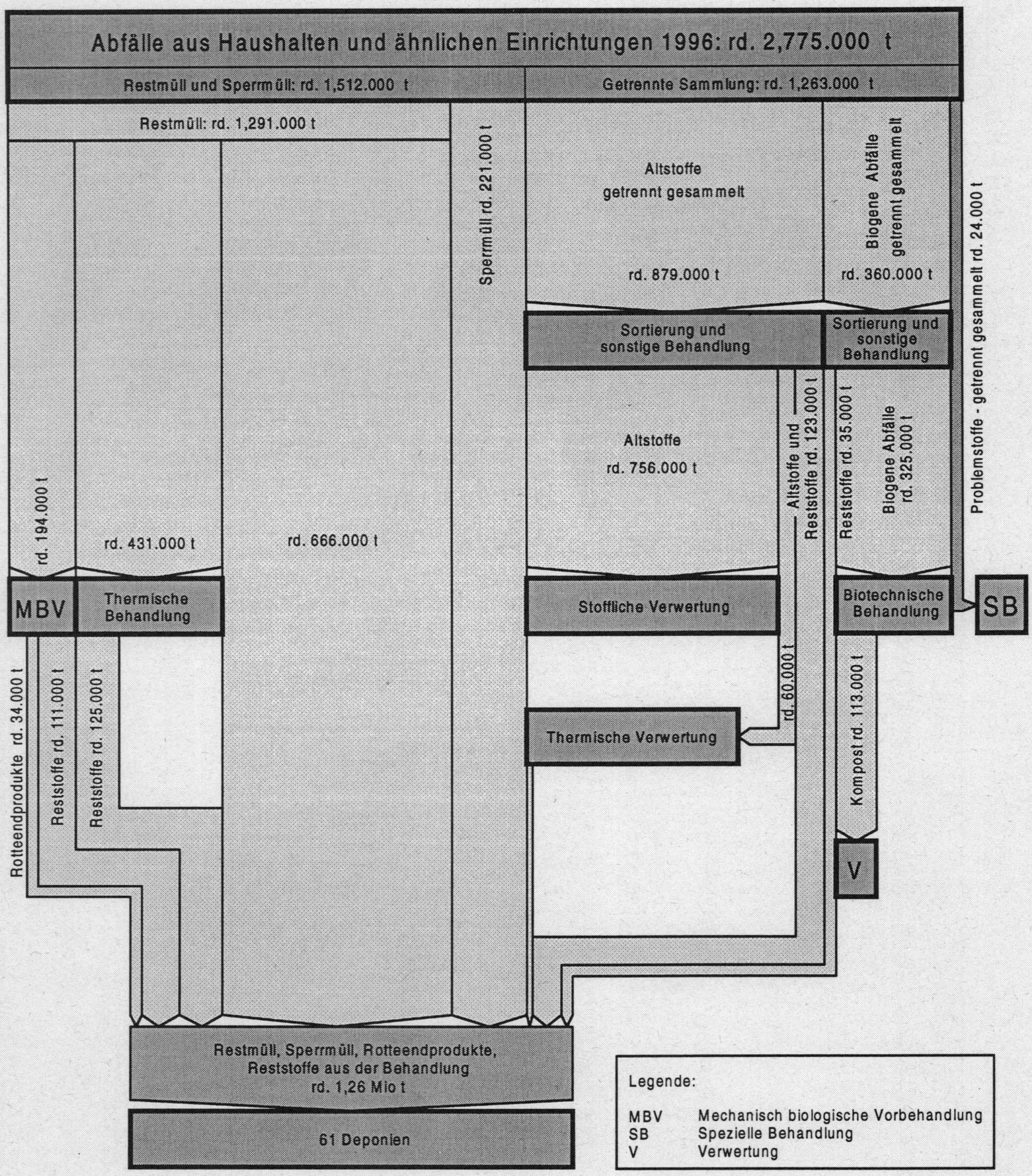

Entsorgung von Abfällen aus Haushalten und ähnlichen Einrichtungen (IST-Zustand 1996)

Betrachtet man neben den getrennten Sammlungen den im Jahr 1996 angefallenen Restmüll in den Abfallbehältern, das sind rd. 1,29 Mio t oder rd. 47 % von rd. 2,78 Mio t Abfälle aus Haushalten, so sind nach Abzug nicht getrennt erfaßbarer Anteile zusätzliche Potentiale zur getrennten Sammlung und anschließenden Verwertung zu erkennen:

- Rd. 15,5 % des Restmülls (rd. 200.000 t Altstoffe) können noch getrennt erfaßt und einer stofflichen Verwertung zugeführt werden. Der tatsächlich verwertbare Anteil hängt davon ab, in welchem Ausmaß qualitative Gesichtspunkte eine stoffliche Verwertung verhindern.
- Rd. 18,5 % des Restmülls (rd. 240.000 t biogene Abfälle) können nach getrennter Sammlung und anschließender biotechnischer Behandlung noch einer Verwertung zugeführt werden.

Weitere nicht gefährliche Abfälle

Das Massenpotential der nicht gefährlichen Abfälle ohne Berücksichtigung der Abfälle aus Haushalten und ähnlichen Einrichtungen kann mit rd. 42,9 Mio t/a angegeben werden. Davon entfallen

- rd. 61,5 % auf Baurestmassen einschließlich Bodenaushub,
- rd. 9,3 % auf andere Abfälle mineralischen Ursprungs,
- rd. 7,7 % auf Holzabfälle (ohne Holzverpackungen)
- rd. 5,4 % auf Abfälle aus der Wasseraufbereitung, Abwasserbehandlung und der Gewässernutzung,
- rd. 4,8 % auf getrennt gesammelte Altstoffe aus Gewerbe und Industrie,
- rd. 11,3 % auf sonstige nicht gefährliche Abfälle.

Waste Management in Austria - Documentation in 3 Volumes

compiled for the Austrian Federal Waste Management Plan 1998

The Austrian Waste Management Act (AWG) entered into force on 1 July 1990. § 1 of the Act defines the following objectives:

- To keep detrimental, unbeneficial or otherwise unhealthy influences on man, as well as on animals, plants, their living conditions and their natural environment as low as possible;
- to preserve raw material and energy resources;
- to keep the demand for landfill capacities as low as possible;
- to ensure that only such materials should remain as waste, the dumping of which does not present any potential hazard for future generations (precautionary principle)

The Waste Management Act thus places the highest priority on the protection of human beings and the environment and upon the preservation of natural resources. Accordingly, it must be the aim of waste management to handle waste in such a way that environmental pollution is kept as low as possible by avoidance, recovery and disposal.

§ 5 of the Austrian Waste Management Act stipulates that the Federal Minister of Environment has to issue a Federal Waste Management Plan in order to reach the objectives and observing the rules of modern waste management. Following the first Waste Management Plan in 1992 a revision is required every three years. This is why the Austrian Federal Environment Agency elaborated the following studies:

- Waste Generation in Austria
- Hazardous Waste and Waste Oil in Austria
- Non-Hazardous Waste in Austria emphasising Waste from Households and similar Institutions

Further information on waste management facilities in Austria you will find at our homepage (http://www.ubavie.gv.at).

Waste generated in Austria (Volume 1)

The information on the amounts of waste generated is based on investigations carried out by the provincial offices, results of waste management schemes of industrial branches, assessments on the basis of data from the Austrian hazardous waste register and on the knowledge of experts. And although the data presented are only approximate estimates of total non-hazardous waste (not including waste from households and similar institutions) generation, they give a realistic view of waste management in Austria.

Approximate estimate of total waste generation	**million tonnes**	**million cubic meters**
Hazardous waste and waste oil	0.76	0.56
Waste from households and similar institutions	2.8	17.0
Excavation material (soil) from construction sites	20.0	7.4
Construction and demolition waste	6.4	2.9
Waste of mineral origin without construction and demolition waste	4.0	2.3
Waste from wood processing excluding packages made of wood	3.3	10.1
Waste from water purification, sewage treatment and water utilisation	2.3	1.5
Separately collected secondary materials from industry and commerce	2.1	6.0
All other non-hazardous waste	4.9	6.7
Total	**46.5**	**54.5**

Including the predominantly harmless excavation material from construction sites the waste generated in Austria amounts to some 46.5 million tonnes.

The following table gives an overview of the 1500 treatment, recovery and recycling facilities operated in Austria.

Type of plants	**No. of plants**	**Capacities**
Physico-chemical treatment plants	28	465,000 t/a
Special treatment plants for hazardous waste	about 100	467,000 t/a
Incineration plants	65	1,800,000 t/a
Biological treatment plants for residual waste	9	303,000 t/a
Biological treatment plants for separately collected biowaste	489	763,000 t/a
Sorting plants for separately collected secondary materials	98	650,000 t/a
Recycling plants	63	1,900,000 t/a
Interim storage of residual matter after separation	3	110,000 t/a
Recycling plants for construction and demolition waste	160	5,000,000 t/a
Landfills for construction waste	400	18,000,000 m^3
Sanitary landfills for waste from households and similar institutions	61	32,500,000 m^3

Source: Waste Management Facilities Database of the Federal Environment Agency Austria (May 1998)

Taking recent planning activities in Austria into account, analysis shows that additional capacities for thermal treatment 2.85 million tonnes must be made available.

Additionally required incineration capacities

- *about 40,000 tonnes for hazardous waste*
- *up to 800,000 tonnes for waste from households and similar institutions*
- *about 2 million tonnes for other non-hazardous waste*

Hazardous Waste and Waste Oil in Austria (Volume 2)

Persons in possession of hazardous waste have to register the type, amount, provenance and treatment by means of a way-bill system. An evaluation of the Austrian register for hazardous waste shows that approx. 600,000 tonnes of hazardous waste was generated in 1996. The biggest quantities are ashes and slags from waste incineration facilities, used cars, oil-contaminated soil and waste oils.

In 1996 approx. 40,000 tonnes of hazardous waste was exported and approx. 20,000 tonnes were imported. For example, the total aluminium-containing salt slags generated, and approx. 90 % of dust, ash and dross from melting processes were exported. Among the imported wastes there were predominantly catalysts containing nickel and accumulators, which were imported for recovery.

In Austria, due to several reasons not all harzardous waste generated, is automatically subjected to the way-bill system. Recent investigations for the Federal Waste Management Plan 1998 show that the total mass potential of hazardous waste in Austria amounts approx. 760,000 t/a. Occuring differences are mainly due to:

- Proof of being non-hazardous: For some hazardous wastes the proof of safety may be furnished for individual cases. Since these wastes are not considered hazardous any more, these cases are not registered and therefore the amounts are not known.
- Internally recovered hazardous wastes: Hazardous wastes which are recovered internally in the production process do not have to be registered by way-bills. Thus they do not show in the Austrian hazardous waste register.
- For some hazardous wastes mass potentials were given although they only consist partly of hazardous components, e. g. used cars. After removal of the hazardous components the greater part can be recovered and/or treated as non-hazardous waste. Only the hazardous components have to be registered.

Because of this reasons the reported amounts always must be below the mass potential for hazardous waste.

Capacities for the collection, intermediate storage and transport of hazardous waste are sufficient. A comparison between necessary and actually available treatment capacities shows that throughput ist sufficient for physico-chemical, biotechnical and special treatment of hazardous waste. With regard to waste treatment facilities the requirements can be summarized as follows:

- Physico-chemical treatment facilities: In this sector a number of facilities need to be brought up to the state-of-the-art according to technical minimal standards.
- Thermal treatment facilities: In future at least 40,000 t/a additional capacities for the thermal treatment of hazardous waste will have to be installed.
- Landfills: According to the Landfill Ordinance hazardous waste must be subjected to a pretreatment allowing its safe disposal.

Non-Hazardous Waste in Austria (Volume 3)

Waste from Households and Similar Institutions

In 1996 a total of about 2.78 million tonnes or 344 kg/inhabitant of waste from households and similar waste from offices, industry and commerce and public institutions was produced.

Of this total, about 1.29 million tonnes of residual waste and about 221,000 tonnes of bulky waste were collected by the waste collection services. In addition, some 24,000 tonnes of problem waste (hazardous waste from households), about 879,000 tonnes of secondary materials and 360,000 tonnes of biowaste were collected. Altogether 45.5% of waste from households and similar institutions was collected separately.

In 1996 the 2.78 million tonnes were recovered and treated as follows:

- 31.7 % in recovery plants for secondary materials,
- 13.0 % in treatment plants for separately collected biowaste,
- 0.8 % in treatment plants for hazardous municipal waste,
- 7.0 % in mechanical-biological treatment plants for residual waste,
- 15.5 % in incineration plants for residual waste,
- 32.0 % were disposed of in sanitary landfills (without any further treatment).

Including all residual wastes from recovery and treatment operations, about 45 % of the waste from households and similar institutions was deposited in sanitary landfills. In 1993 this figure still amounted to 55%.

In the remaining residual waste from households and similar institutions the following additional goals for separate collection and further recovery could be achieved:

- about 15.5 % of residual waste (about 200,000 tonnes of secondary materials) could be conducted to material recycling. The actual recycling quota depends on the quality of separately collected and sorted secondary material;
- about 18.5 % of residual waste still consists of biowaste, which could be collected and composted for further utilisation.

Other Non-Hazardous Waste

The mass potential of non-hazardous waste produced in Austria (without waste from households and similar institutions) is approximately 42.9 million tonnes per year of which

- about 61.5 % is construction and demolition waste as well as excavation materials from construction sites
- about 9.3 % is other waste of mineral origin
- about 7.7 % is waste from wood processing
- about 5.4 % is waste from water purification, sewage treatment and water utilization
- about 4.8 % are separately collected secondary materials from industry and commerce
- about 11.3 % are all other non-hazardous wastes of different origin

INHALTSVERZEICHNIS

ANHANG I

ABFALLWIRTSCHAFTLICHE ECKDATEN

Anhang I/1: Massenpotentiale für gefährliche und nicht gefährliche Abfälle 1998

- *gegliedert nach Abfalluntergruppen gemäß ÖNORM S 2100 (1990)*
- *gegliedert nach Abfallschlüsselnummern gemäß ÖNORMEN S 2101 (1983) und S 2100 (1990)*

Anhang I/2: Massenangaben für nicht gefährliche Abfälle auf Grundlage von Branchenkonzepte

- *gegliedert nach Abfallgruppen gemäß ÖNORM S 2100 (1990)*
- *gegliedert nach Abfalluntergruppen gemäß ÖNORM S 2100 (1990)*
- *gegliedert nach Abfallschlüsselnummern gemäß ÖNORMEN S 2101 (1983) und S 2100 (1990)*

Anhang I/3: Massenangaben für nicht gefährliche Abfälle nach Angaben der Ämter der Landesregierungen

- *gegliedert nach Abfallgruppen gemäß ÖNORM S 2100 (1990)*
- *gegliedert nach Abfalluntergruppen gemäß ÖNORM S 2100 (1990)*
- *gegliedert nach Abfallschlüsselnummern gemäß ÖNORMEN S 2101 (1983) und S 2100 (1990)*

Anhang I/4: Abfälle aus Haushalten und ähnlichen Einrichtungen 1996

- *gegliedert nach Bundesländern*

1 EINLEITUNG

Mit dem Abfallwirtschaftsgesetz 1990 (AWG) verfügt Österreich über eine gute Rechtsgrundlage für die Entwicklung einer zukunftsorientierten Abfallwirtschaft. Oberste Priorität ist der Schutz von Mensch und Umwelt, die Schonung der natürlichen Ressourcen sowie der Verbleib emissionsneutraler Rückstände unter gleichzeitiger Schonung von Deponieraum. Umweltbelastungen sind durch geeignete Maßnahmen zur Vermeidung, Verwertung und sonstigen Behandlung und Ablagerung von Abfällen auf ein Minimum zu reduzieren.

Zur Verwirklichung der im AWG aufgelisteten Ziele und Grundsätze der Abfallwirtschaft hat der Bundesminister für Umwelt, Jugend und Familie einen Bundes-Abfallwirtschaftsplan (BAWP) zu erlassen, zu veröffentlichen und alle 3 Jahre fortzuschreiben.

Mit der Erstellung der fachlichen Grundlagen für den Bundes-Abfallwirtschaftsplan 1998 wurde wieder das Umweltbundesamt betraut. Der gegenständliche Bericht gibt die aktuellen Informationen zum "Abfallaufkommen in Österreich" wieder.

1.1 Definitionen

Zentrale Bedeutung bei der Beschreibung der Situation der Abfallwirtschaft, und der daraus abzuleitenden Aussagen, kommt der Definition des Begriffes *"ABFALL"* zu.

Der Abfallbegriff des Abfallwirtschaftsgesetzes 1990

a) subjektiver Abfallbegriff - Entledigungsabsicht

Entledigen bedeutet die Aufgabe der Gewahrsame zu einer Sache, die nicht mehr bestimmungsgemäß verwendet wird oder werden kann. Der subjektive Abfallbegriff setzt eine Transaktion bzw. eine konkrete Transaktionsabsicht einer (beweglichen) Sache voraus (transaktionsbezogener Abfallbegriff). Die Tatsache, daß für eine (bewegliche) Sache kein Erlös erzielbar ist, ist ein Indiz dafür, daß es sich dabei um Abfall im subjektiven Sinn handelt.

b) objektiver Abfallbegriff - öffentliches Interesse

Bei Beurteilung, ob Abfall im objektiven Sinn vorliegt, sind jene Gefahren für die Umwelt zu berücksichtigen, die von den (beweglichen) Sachen selbst ausgehen und die durch die Erfassung und Behandlung dieser (beweglichen) Sachen als Abfall hintangehalten werden können. Entscheidend ist das tatsächliche Gefährdungspotential der betreffenden Materialien auf die Umwelt unter Berücksichtigung der Entsorgungs- bzw. Verwertungswege.

c) Bewegliche Sachen

Die Abfalleigenschaft setzt grundsätzlich die Beweglichkeit einer Sache voraus. Abfall liegt jedoch auch dann vor, wenn Sachen eine die Umwelt beeinträchtigende Verbindung mit dem Boden eingegangen sind (z.B. ölverunreinigtes Erdreich).

Ein Stoff wird Abfall, wenn entweder die Entledigungsabsicht oder das öffentliche Interesse an der Erfassung und Behandlung als Abfall gegeben ist.

Die Festlegung als Abfall ist jedenfalls dort geboten, wo die öffentlichen Interessen durch bestehende Genehmigungen etc. nicht hinreichend geschützt sind. Dort wo Stoffe, z.B. im "spezifischen innerbetrieblichen Wirtschaftskreislauf" geführt werden - also im Stoff- und Produktionskreislauf der genehmigten Anlage - ist zumeist der Abfallbegriff nicht anzuwenden.

Eine abschließende Beurteilung, ob Abfall vorliegt, kann nicht pauschal sondern nur im Einzelfall vorgenommen werden. Aus diesem Grunde wird im Bundes-Abfallwirtschaftsplan bei der Angabe von Abfallmassen von "Potentialen" gesprochen.

Von Bedeutung sind auch die Auswirkungen von Feststellungsbescheiden hinsichtlich Abfalleigenschaft und Art sowie der Zuordnung zu gefährlichen und nicht gefährlichen Abfällen.

1.2 Die Datenlage

Zuverlässigkeit und Präzision von Angaben zum Abfallaufkommen sind je nach Abfallart unterschiedlich. Unterlagen aus Verwaltungsverfahren zur Genehmigung von Anlagen oder aus der Kontrolle liefern wesentliche Informationen über die Betriebsweise und technische Ausstattung von Anlagen sowie über deren Kapazitäten. Daten aus dem Abfalldatenverbund geben Auskunft über Art, Menge, Herkunft und Verbleib von gefährlichen Abfällen und damit über die nachweislich entsorgten gefährlichen Abfälle.

Regelungen des Bundes schreiben eine Nachweispflicht über die Entsorgung von gefährlichen Abfällen und über die Ablagerung von Abfällen auf Deponien vor. Dadurch können Materialflüsse von gefährlichen Abfällen und von Abfällen aus Haushalten und ähnlichen Einrichtungen gut abgebildet werden.

Über innerbetriebliche Abfallströme sowie über nicht gefährliche Abfälle aus Gewerbe und Industrie liegen nur wenige Daten vor. Diese wurden durch Erhebungen und Hochrechnungen des Umweltbundesamtes ergänzt.

Auch zur Abschätzung von Möglichkeiten zur Vermeidung und Verwertung von Abfällen sind trotz erster, guter Ergebnisse in Österreich - aber auch international - Fachgrundlagen erst ansatzweise bzw. nur für einzelne Sparten vorhanden.

Daten stammen derzeit im wesentlichen aus

- statistischen Erhebungen des Bundes, der Länder, der Kammern und Verbände,
- Spezialstudien, die zur Lösung von Einzelfragen erstellt wurden sowie aus
- Verwaltungsunterlagen.

Zukünftig wird der Informationsbedarf steigen, da bereits heute immer komplexere Fragestellungen zu beantworten sind und andererseits ab 1998 eine Reihe von Berichtspflichten an die EU zu erfüllen sind.

Insgesamt stellt sich das Problem, daß das Abfallwirtschaftsgesetz die Forderung nach detaillierter Planung stellt, ohne jedoch eine umfassende Verpflichtung zur Bereitstellung dafür notwendiger Grundlagen und Daten geschaffen zu haben. Es ist daher notwendig, die Datenermittlung zum Teil mit Annahmen bzw. Hochrechnungen zu vervollständigen. Durch intensive Recherchen sowie die Bewertung vorliegender Informationen wurde allerdings eine bestmögliche Datenbasis geschaffen, so daß die vorliegenden Mengenangaben als authentische Daten zu bewerten sind. Um den Wissensstand über praktikable Lösungen zur Vermeidung und Verwertung industrieller und gewerblicher Abfälle zu vertiefen, ist es notwendig, die bisherigen Arbeiten durch Detailstudien zu den verschiedenen Branchen bzw. Abfallstoffen zu ergänzen.

Zur schrittweisen Verbesserung der abfallwirtschaftlichen Datenlage, vor allem für Kontrollzwecke, für die Erstellung des Bundes-Abfallwirtschaftsplanes und für die Erfüllung von Berichtspflichten gegenüber der EU können folgende Maßnahmen beitragen:

- Erhöhung des Informationsgehaltes auf Begleitscheinen für gefährliche Abfälle (Branchenzugehörigkeit und Art der Behandlung).
- Verringerung des administrativen Aufwandes bei der Dateneingabe im Abfalldatenverbund durch Automatisierung (dzt. werden Testläufe mit dem Magistrat Wien, MA 22 durchgeführt).
- Revision des Zuordnungskataloges von dzt. in Österreich geltenden Schlüsselnummern und Abfallbezeichnungen (ÖNORM S 2100) zum Europäischen Abfallkatalog (EWC) unter Berücksichtigung der Europäischen Branchenklassifizierung (NACE).
- Verstärkte Kontrollen der Aufzeichnungspflichten gemäß Abfallnachweisverordnung.
- Erstellung einer Abfalljahresbilanz durch Abfallbesitzer und schrittweise Einführung jährlicher Meldungen von nicht gefährlichen Abfällen durch Abfallsammler und -behandler.
- Ausbau von abfallwirtschaftlichen Datenbanken.

Die Massenangaben beziehen sich im wesentlichen auf das Jahr 1996, wobei teilweise auch bis Anfang 1998 vorliegende Daten Berücksichtigung fanden.

2 ABFÄLLE IN ÖSTERREICH

Die Massenangaben zum Abfallaufkommen basieren auf Erhebungen der Ämter der Landesregierungen, auf Ergebnissen von Branchenkonzepten, auf Auswertungen aus dem Abfalldatenverbund (AbfDV) und auf Expertenmeinungen. Sie stellen vor allem bei den nicht gefährlichen Abfällen (mit Ausnahme von Abfällen aus Haushalten und ähnlichen Einrichtungen) zum überwiegenden Teil Annahmen und damit Massenpotentiale dar, geben aber einen realistischen Überblick über das abfallwirtschaftliche Geschehen in Österreich.

Tabelle 1: Abfallaufkommen ausgewählter Abfallgruppen in Österreich

Massen- und Mengenpotentiale	**Mio t**	**Mio m³**
Gefährliche Abfälle und Altöle	0,76	0,56
Abfälle aus Haushalten und ähnlichen Einrichtungen	2,8	17,0
Bodenaushub	20,0	7,4
Baurestmassen und Baustellenabfälle (BRM)	6,4	2,9
Abfälle mineralischen Ursprungs ohne Baurestmassen	4,0	2,3
Holzabfälle ohne Holzverpackungen	3,3	10,1
Abfälle aus der Wasseraufbereitung, Abwasserbehandlung und der Gewässernutzung	2,3	1,5
Getrennt gesammelte Altstoffe aus Gewerbe und Industrie	2,1	6,0
Sonstige nicht gefährliche Abfälle	4,9	6,7
Summen (gerundet)	**46,5**	**54,5**

Unter Berücksichtigung des weitestgehend unbedenklichen Bodenaushubes von rd. 20 Mio t ergibt sich somit ein Massenpotential von rd. 46,5 Mio t pro Jahr. Veränderungen im Gesamtmassenpotential sind nicht als Anstieg des Abfallaufkommens zu interpretieren, sondern auf den verbesserten Wissensstand über den Anfall einiger Abfallarten zurückzuführen, was beim Vergleich der Zahlen zu berücksichtigen ist.

Bedeutende Veränderungen gegenüber dem Bundes-Abfallwirtschaftsplan 1995:

- Anhebung des Massenpotentials für Bodenaushub von 15 Mio t auf 20 Mio t.
- Anstieg des Gesamtabfallaufkommens aus Haushalten und ähnlichen Einrichtungen.
- Weiterhin verbesserte Sammelergebnisse bei der getrennten Erfassung von Altstoffen (Papier, Glas, Kunststoffe, biogene Abfälle, usw.) und Problemstoffen aus Haushalten.
- Abnahme des Massenpotentials für gefährliche Abfälle um rd. 250.000 t.

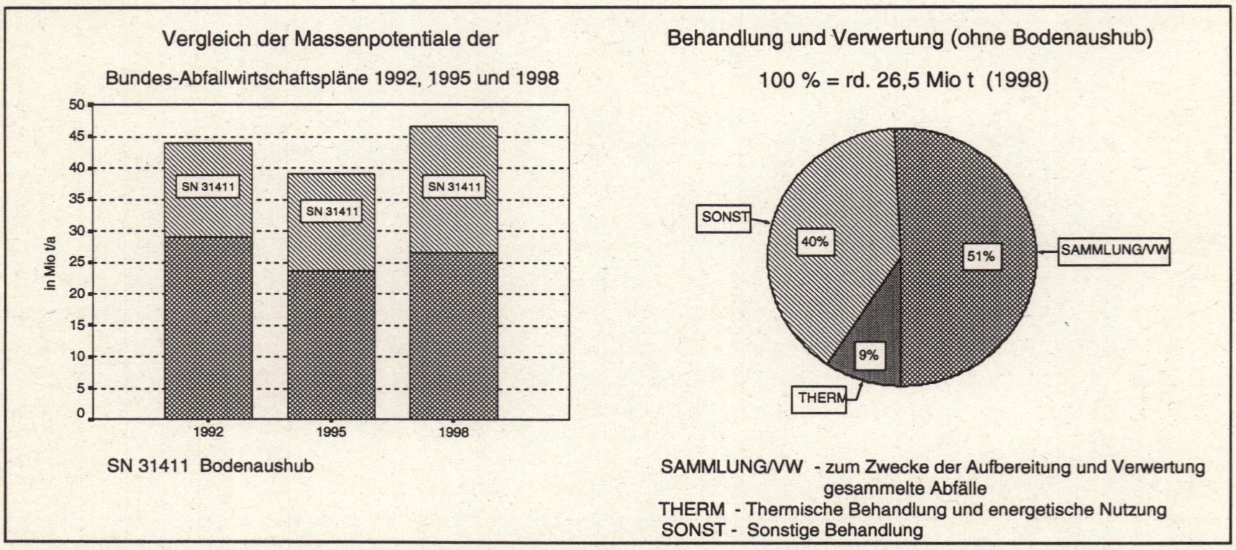

Abbildung 1: Vergleich der Massenpotentiale der Bundes-Abfallwirtschaftspläne 1992, 1995 und 1998 sowie Behandlungs- und Verwertungsanteil für das Gesamtmassenpotential (ohne Bodenaushub)

Die Verwertung und Behandlung der Abfälle erfolgt in ca. 1.500 Anlagen, die Abfälle von Dritten übernehmen. Nach neuesten Untersuchungen werden zusätzlich rd. 1,25 Mio t Produktionsrückstände in zumindest 120 gewerblichen und industriellen Anlagen unmittelbar einer innerbetrieblichen energetischen Verwertung zugeführt.

Massenpotentiale 1998 (100% = 46,5 Mio t)

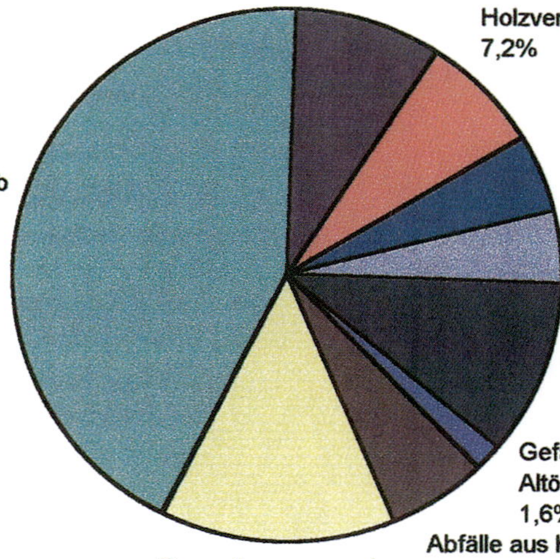

Mengenpotentiale 1998 (100% = 54,5 Mio m^3)

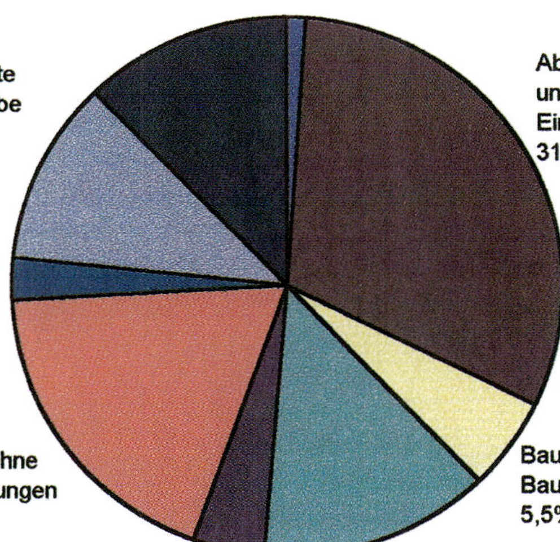

Tabelle 2: Abfallwirtschaftlich relevante Anlagen in Österreich

Anlagentyp	Anzahl	in t/a oder m³
Chemisch-physikalische Behandlungsanlagen	28	465.000 t/a
Spezielle Behandlungsanlagen (Aufbereitungsanlagen)	Über 100	467.000 t/a
Thermische Behandlungs- oder Verwertungsanlagen	65	1.800.000 t/a
Biotechnische Vorbehandlungsanlagen für Restmüll	9	303.000 t/a
Biotechnische Anlagen für getrennt erfaßte biogene Abfälle	489	763.000 t/a
Sortieranlagen für getrennt erfaßte Altstoffe	98	650.000 t/a
Altstoffverwertungsanlagen	67	1.900.000 t/a
Zwischenlager für Reststoffe aus der Sortierung	3	110.000 t/a
Baurestmassenaufbereitungsanlagen	160	5.000.000 t/a
Baurestmassen- und Bodenaushubdeponien	400	18.000.000 m³
Mülldeponien	61	32.500.000 m³

Quelle: Umweltbundesamt-Anlagendatenbank (Datenstand Mai 1998)

Die Behandlung von Abfällen in Österreich soll so erfolgen, daß sie längerfristig nur eine geringfügige und damit tolerierbare Belastung verursachen. Weil unbehandelte Abfälle aus Haushalten und ähnlichen Einrichtungen wegen ihres organischen Anteils auf Deponien über Jahrzehnte Gase bilden und über lange Zeiträume eine Belastung des Grundwassers verursachen, dürfen mit wenigen Ausnahmen ab dem Jahre 2004 kein Restmüll und keine anderen gut brennbaren Abfälle mehr abgelagert werden. Um diese Bedingungen zu erfüllen sind vor allem zusätzliche Verbrennungskapazitäten zu schaffen.
Vergleicht man vorhandene Kapazitäten von Verbrennungsanlagen mit den notwendigen, bleiben immer noch beträchtliche Massen zur thermischen Behandlung übrig.

Analysen des Umweltbundesamtes unter Berücksichtigung der Planungsaktivitäten in Österreich ergaben, daß zusätzlich zu den vorhandenen Verbrennungsleistungen für rd.2,85 Mio t Abfälle Verbrennungskapazitäten geschaffen werden müssen.

Zusätzlich notwendige Verbrennungskapazitäten

- rd. 40.000 t für gefährliche Abfälle
- bis zu 0,8 Mio t für Abfälle aus Haushalten und ähnlichen Einrichtungen
- rd. 2,0 Mio t für andere nicht gefährliche Abfälle

Die Zuständigkeiten für die Vorsorge zur Umsetzung trifft bei den nicht gefährlichen Abfällen die Landesregierungen (Landes-Abfallwirtschaftspläne) und bei den gefährlichen Abfällen den Bund (Bundes-Abfallwirtschaftsplan).

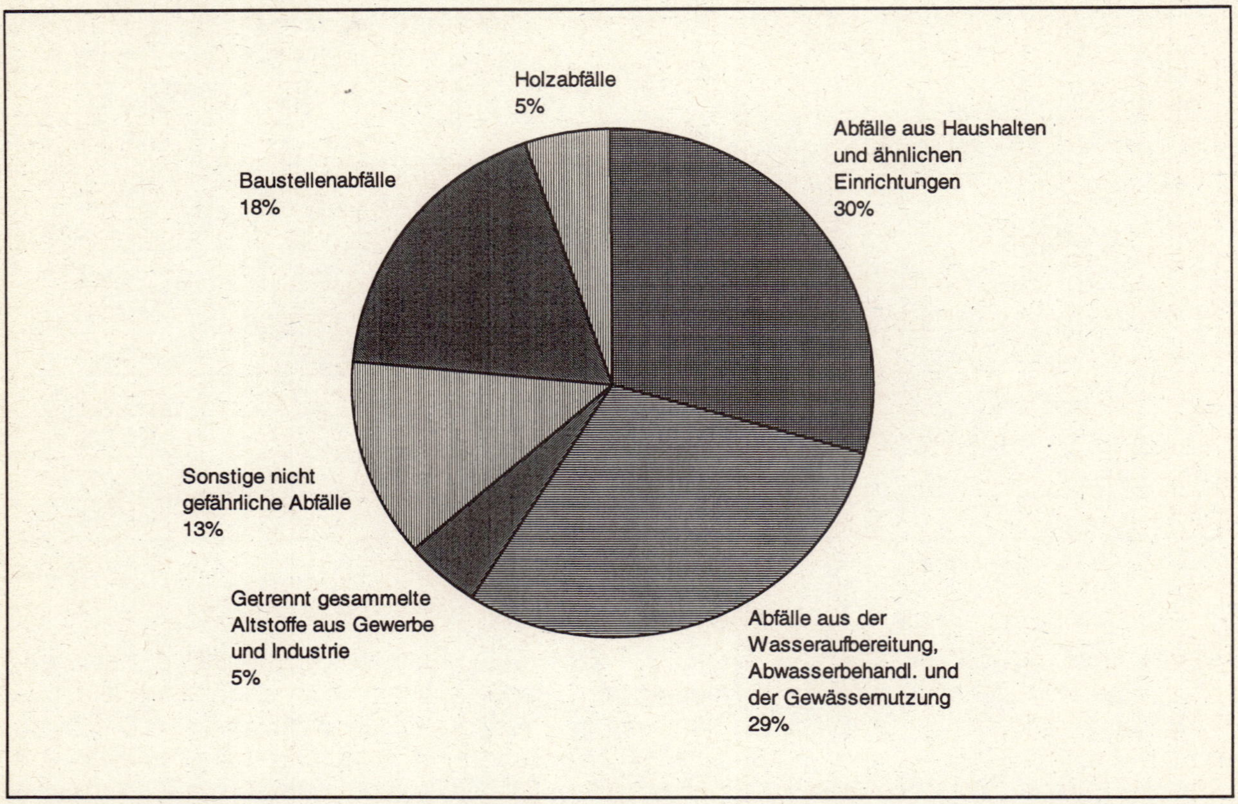

Abbildung 2: Anteil verschiedener Abfallarten an zusätzlich notwendigen thermischen Behandlungskapazitäten (100 % = 2,85 Mio t)

3 GEFÄHRLICHE ABFÄLLE UND ALTÖLE

3.1 Situation im Jahre 1996

Als Rechtslage für gefährliche Abfälle, deren Begleitscheindaten zur Auswertung gelangten diente die "Verordnung über die Festsetzung gefährlicher Abfälle 1991".

Zur Umsetzung der EU-Richtlinie über gefährliche Abfälle (RL91/689/EWG) sowie der Entscheidung des Rates über ein Verzeichnis gefährlicher Abfälle (Abl Nr L356/1994) wurde die Verordnung über die Festsetzung gefährlicher Abfälle neu erlassen. Sie trat mit 1. März 1998 in Kraft. Besitzer von gefährlichen Abfällen haben gemäß Abfallnachweisverordnung Art, Menge, Herkunft und Verbleib der gefährlichen Abfälle durch Begleitscheine nachzuweisen. Firmen- und Begleitscheindaten werden durch die Ämter der Landesregierungen erfaßt, vom Umweltbundesamt im Abfalldatenverbund verwaltet und ausgewertet.

Eine Auswertung der Begleitscheinmeldungen aus dem Abfalldatenverbund hat für das Jahr 1996 ergeben, daß in Österreich rd. 600.000 t gefährliche Abfälle angefallen sind.

Die größten dem Abfalldatenverbund gemeldeten Massen sind in der Regel Schlacken und Aschen aus Abfallverbrennungsanlagen, Altautos, ölverunreinigte Böden, Altöle und Ölabscheiderinhalte. Insgesamt machen 20 Abfallstoffe bereits 80 % der Primärabfallmasse aus.

Für die thermische Behandlung gefährlicher Abfälle standen 1996 in neun Anlagen Behandlungskapazitäten von rd. 174.000 t/a zur Verfügung, wobei der Hauptanteil den Entsorgungsbetrieben Simmering (EbS) zuzuordnen ist. In fünf dieser neun Anlagen wurden auch nicht gefährliche Abfälle verbrannt. Daneben wurden in mehr als 80 Kleinanlagen Altöle im Ausmaß von insgesamt 1.100 t/a verbrannt.

In den beiden Drehrohröfen der Entsorgungsbetriebe Simmering wurden im Jahr 1996 rund 92.000 t gefährliche und nicht gefährliche Abfälle thermisch behandelt. Auswertungen aus dem Abfalldatenverbund haben ergeben, daß die EbS im Jahre 1991 rd. 75.000 t und 1996 rd. 56.000 t Abfälle übernommen haben. Ein echter Einbruch bei der Übernahme gefährlicher Abfälle hat 1994 stattgefunden. In diesem Jahr hat die EbS nur mehr rd. 46.000 t gefährliche Abfälle übernommen.

Einige österreichische Industriebetriebe haben 1996 Altöle und halogenfreie Lösemittel im Ausmaß von rd. 35.000 t energetisch verwertet. Insgesamt sind im Jahre 1996 rd. 105.000 t gefährliche Abfälle und Altöle verbrannt worden.

Die genehmigte innerbetriebliche Verwertung von Altöl in Prozeßfeuerungen, beispielsweise im Bergbau und Grundstoffbereich sowie in Gießereien konnte nicht quantifiziert werden. Es ist jedoch anzunehmen, daß es sich dabei um einen Stoffstrom in der Größenordnung von einigen wenigen hundert Tonnen pro Jahr handelt.

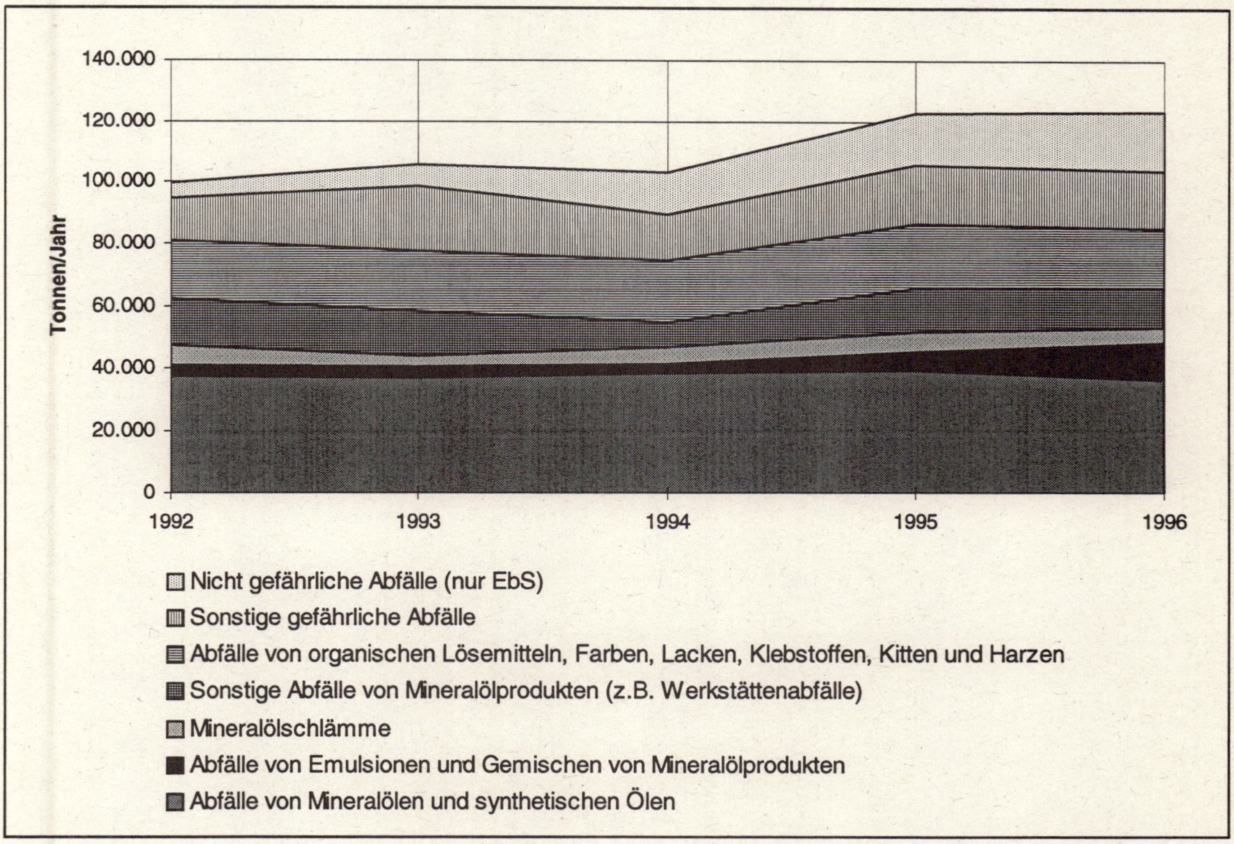

Abbildung 3: Thermische Behandlung gefährlicher Abfälle 1992 – 1996

Verfolgt man die Entwicklung der Meldungen zu gefährlichen Abfällen im Abfalldatenverbund, so ist eindeutig eine steigende Tendenz festzustellen. Dies ist einerseits auf einen verbesserten Vollzug der Abfallnachweisverordnung und anderer Verordnungen zum Abfallwirtschaftsgesetz zurückzuführen. Andererseits liegt vor allem bei jenen Abfällen, die bereits seit 1984 der Begleitscheinpflicht unterliegen, ein hoher Erfassungsgrad vor. Der Anstieg der nachweislich entsorgten Abfälle kann nur in wenigen Fällen auf einen tatsächlichen Anstieg der angefallenen Abfallmassen zurückgeführt werden.

Die Begleitscheinmeldungen über gefährliche Abfälle sind somit niedriger als das für den Bundes-Abfallwirtschaftsplan 1998 ermittelte Massenpotential von rd. 760.000 t. Die wesentlichen Unterschiede dafür sind:

- Nachweis der Nichtgefährlichkeit: Über solche "ausgestuften" Abfälle liegen – naturgemäß – keine Begleitscheine vor.
- Innerbetriebliche Verwertung von gefährlichen Abfällen: Diese ist nicht begleitscheinpflichtig und somit sind die Mengen der innerbetrieblich verwerteten gefährlichen Abfälle nicht im Abfalldatenverbund erfaßt.
- Verschiede Abfälle, für die Massenpotentiale angegeben wurden, bestehen nur zum Teil aus gefährlichen Abfällen. Nach zulässiger Abtrennung wird nur der Anteil gefährlicher Abfälle gemeldet.

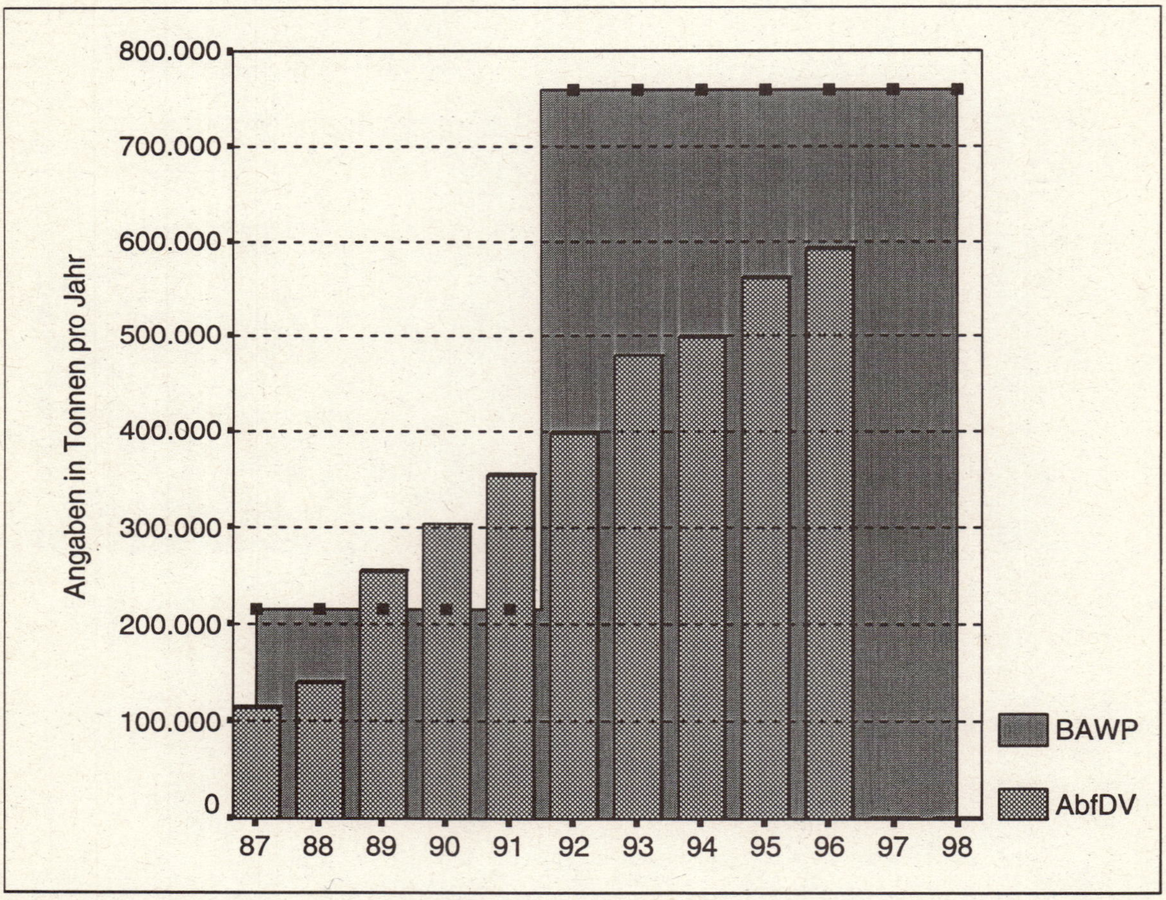

Anmerkung: Der Anstieg der Massenpotentiale von 215.000 t auf 760.000 t ist auf die Verordnung über die Festsetzung gefährlicher Abfälle 1991 zurückzuführen

Abbildung 4: Massenvergleich Bundes-Abfallwirtschaftspläne 1989 bis 1998 mit dem Abfalldatenverbund 1987 bis 1996

3.2 Soll-Zustand

Das Massenpotential für gefährliche Abfälle und Altöle beträgt auf Basis der Verordnung über die Festsetzung gefährlicher Abfälle 1991 (trat am 1. März 1998 außer Kraft) rund 760.000 t.

Veränderungen gegenüber dem im Bundes-Abfallwirtschaftsplan 1995 angegebenen Massenpotential sind vor allem auf nun mehr abgesichertes Datenmaterial aus dem Abfalldatenverbund und verbesserte Erkenntnisse über den Anfall von Reststoffen aus Verbrennungsanlagen und von Altautos zurückzuführen.

Tabelle 3: Massenpotentiale 1998 für gefährliche Abfälle und Altöle

SN	Abfallgruppenbezeichnungen gemäß ÖNORM S 2100 (1990)	BAWP 1998
11	Nahrungs- und Genußmittelabfälle	20
12	Abfälle pflanzlicher und tierischer Fetterzeugnisse	49.135
13	Abfälle aus der Tierhaltung und Schlachtung	3
17	Holzabfälle	3.072
18	Zellulose-, Papier- und Pappeabfälle	180
31	Abfälle mineralischen Ursprungs (ohne Metallabfälle)	357.029
35	Metallabfälle	79.671
39	Andere Abfälle mineralischen Ursprungs sowie Abfälle von Veredelungsprodukten	2
51	Oxide, Hydroxide, Salzabfälle	19.331
52	Abfälle von Säuren, Laugen, Konzentraten	23.108
53	Abfälle von Pflanzenbehandlungs- und Schädlingsbekämpfungsmitteln sowie von pharmazeutischen Erzeugnissen und Desinfektionsmitteln	1.880
54	Abfälle von Mineralöl- und Kohleveredelungsprodukten	168.829
55	Abfälle von organischen Lösemitteln, Farben, Lacken, Klebstoffen, Kitten und Harzen	40.002
57	Kunststoff- und Gummiabfälle	6.146
58	Textilabfälle (Natur- und Chemiefaserprodukte)	412
59	Andere Abfälle chemischer Umwandlungs- und Syntheseprodukte	3.639
94	Abfälle aus der Wasseraufbereitung, Abwasserbehandlung und Gewässernutzung	600
95	Flüssige Abfälle aus Abfallbehandlungsanlagen	1.000
97	Abfälle aus dem medizinischem Bereich	3.101
	Summe (Angaben in Tonnen)	**757.160**

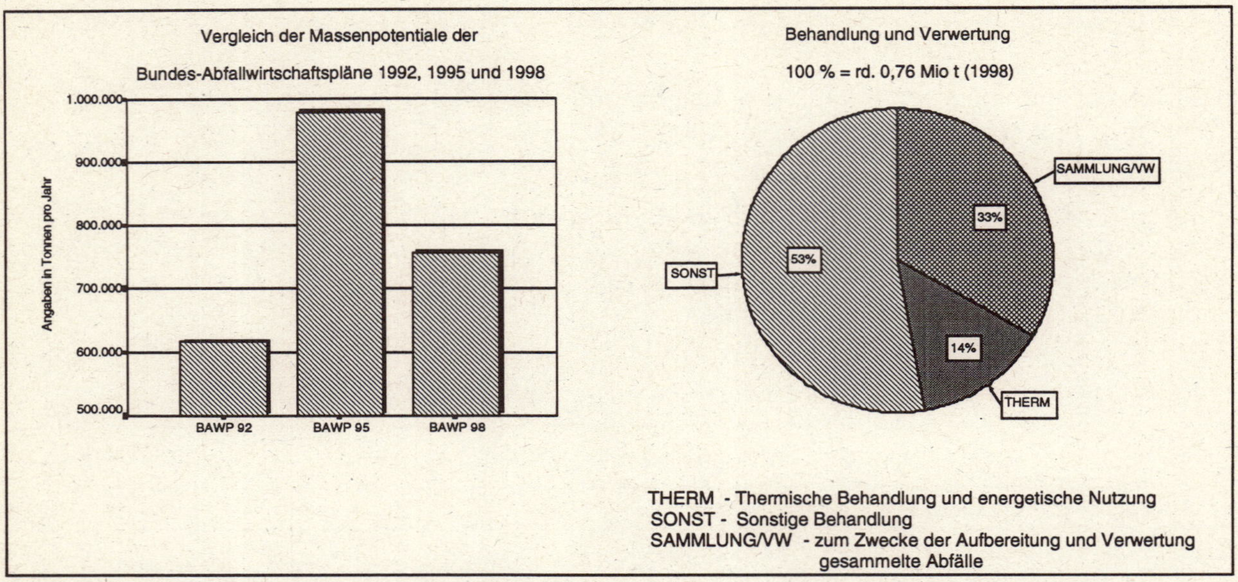

Abbildung 5: Vergleich der Massenpotentiale der Bundes-Abfallwirtschaftspläne 1992, 1995 und 1998 sowie Behandlungs- und Verwertungsanteil für gefährliche Abfälle und Altöle

3.3 Prognose

Mit Inkrafttreten der neuen Verordnung über die Festsetzung von gefährlichen Abfällen und Problemstoffen (Festsetzungsverordnung 1997 - trat am 1. März 1998 in Kraft) kann sich die Massensituation wesentlich ändern. Die Analysen zeigen, daß einerseits ein Anstieg des Massenpotentials möglich ist, andererseits aber große Mengen bei entsprechenden Nachweisen als nicht gefährliche Abfälle eingestuft werden können. Meldepflichten über ausgestufte Abfälle sind vorgesehen, womit die Kontinuität von Massenangaben für statistische Auswertungen erhalten bleiben müßte.

4 NICHT GEFÄHRLICHE ABFÄLLE

4.1 Abfälle aus Haushalten und ähnlichen Einrichtungen

Im Jahr 1996 sind rd. 2,78 Mio t Abfälle aus Haushalten und ähnlichen Einrichtungen angefallen. Davon wurden über die öffentliche Müllabfuhr rd. 1.291.000 t Restmüll und rd. 221.000 t Sperrmüll entsorgt. Weiters konnten über getrennte Sammlungen rd. 24.000 t Problemstoffe, rd. 879.000 t Altstoffe und rd. 360.000 t biogene Abfälle (Biotonne) erfaßt werden; dies entspricht rd. 46 % des Abfallaufkommens aus Haushalten und ähnlichen Einrichtungen.

Tabelle 4: Massen- und Mengenpotentiale 1998 für Abfälle aus Haushalten und ähnlichen Einrichtungen (Ist-Zustand 1996)

SN	Abfallbezeichnungen der ÖNORM S 2100 (1990)	BAWP 1998	
		in Tonnen	in m^3
17201	Holzemballagen und Holzabfälle, nicht verunreinigt		
18720	Papier und Pappe, unbeschichtet	439.000	2.927.000
31408	Glas und Altglas	183.000	654.000
351	Eisen- und Stahlabfälle	66.000	330.000
35105	Eisenmetallemballagen und -behältnisse	20.000	400.000
35315	NE-Metallschrott, NE-Metallemballagen, rein	40.000	350.000
57118 *	Kunststoffemballagen und -behältnisse	90.000	300.000
58107	Stoff- und Gewebereste, Altkleider	18.000	100.000
91101	Hausmüll und hausmüllähnliche Gewerbeabfälle (Restmüll)	1.291.000	8.607.000
91104	Biogene Abfallstoffe, getrennt gesammelt	360.000	900.000
91401	Sperrmüll	221.000	2.210.000
	Sonstige Abfälle aus Haushalten und ähnlichen Einrichtungen	23.000	23.000
	Problemstoffe	24.000	240.000
	Summen	**2.775.000**	**17.040.000**

* SN 91207 Leichtfraktion aus der Verpackungssammlung gemäß ÖNORM S 2100 (1997)

Im Vergleich zum Aufkommen im Jahr 1993 sind folgende Tendenzen erkennbar:

- Das gesamte Aufkommen an Abfällen aus Haushalten und ähnlichen Einrichtungen hat sich um rd. 266.000 t bzw. um rd. 11 % erhöht.
- Die Massen für Restmüll haben um rd. 197.000 t bzw. um rd. 13 % abgenommen, jene für Sperrmüll jedoch um rd. 39.000 t bzw. um rd. 21 % zugenommen.
- Die getrennt erfaßten Abfälle aus Haushalten haben sich seit 1993 insgesamt um über 50 % erhöht, d.h. von rd. 839.000 t auf rd. 1.263.000 t.

- An Altstoffen konnte um rd. 239.000 t bzw. um rd. 37 % mehr getrennt gesammelt werden, wobei hohe Steigerungsraten bei den Fraktionen "Altpapier" und "Leichtfraktion" zu verzeichnen waren.
- Bei biogenen Abfällen stieg die über Biotonnen getrennt erfaßte Masse um rd. 178.000 t und hat sich damit nahezu verdoppelt.
- Die Sammlung für Problemstoffe erbrachte eine zusätzliche Erfassung von rd. 7.100 t. Dies entspricht einer Steigerung um fast die Hälfte des Aufkommens von Problemstoffen im Jahr 1993.

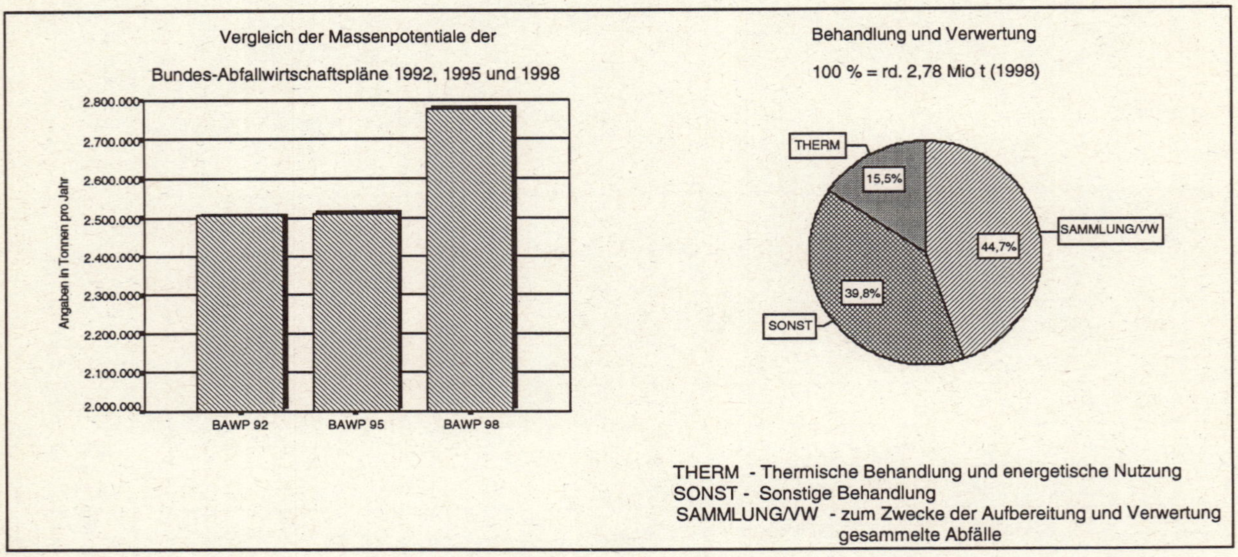

Abbildung 6: Vergleich der Massenpotentiale der Bundes-Abfallwirtschaftspläne 1992, 1995 und 1998 sowie Behandlungs- und Verwertungsanteil für Abfälle aus Haushalten und ähnlichen Einrichtungen

Die Verwertung und Behandlung der rd. 2,78 Mio t Abfälle aus Haushalten und ähnlichen Einrichtungen erfolgte 1996 zu

- 31,7 % in Anlagen zur stofflichen Verwertung von getrennt gesammelten Altstoffen,
- 13,0 % in Anlagen zur Verwertung von getrennt erfaßten biogenen Abfällen,
- 0,8 % in Anlagen zur Behandlung von Problemstoffen,
- 7,0 % in Anlagen zur mechanisch-biologischen Vorbehandlung von Restmüll,
- 15,5 % in Anlagen zur thermischen Behandlung von Restmüll bzw. von Reststoffen,
- 32,0 % direkt und unbehandelt auf Deponien.

Mit den Reststoffen[1] aus der Altstoffverwertung, der Verwertung biogener Abfälle sowie den Reststoffen aus der mechanisch-biologischen und thermischen Behandlung von Restmüll gelangten 1996 rd. 45 % der Abfälle aus Haushalten und ähnlichen Einrichtungen auf Depo-

[1] Der Begriff "Reststoff" findet in diesem Zusammenhang Anwendung für die Bezeichnung unterschiedlicher Rückstände aus der Aufbereitung und Verwertung von Altstoffen und biogenen Abfällen sowie aus der sonstigen Abfallbehandlung (z.B. thermisch, mechanisch-biologisch) und steht in keinem Zusammenhang mit dem Begriff der Reststoffdeponie gemäß Deponieverordnung.

Verwertung und Behandlung von Abfällen aus Haushalten und ähnlichen Einrichtungen 1989 - 1996

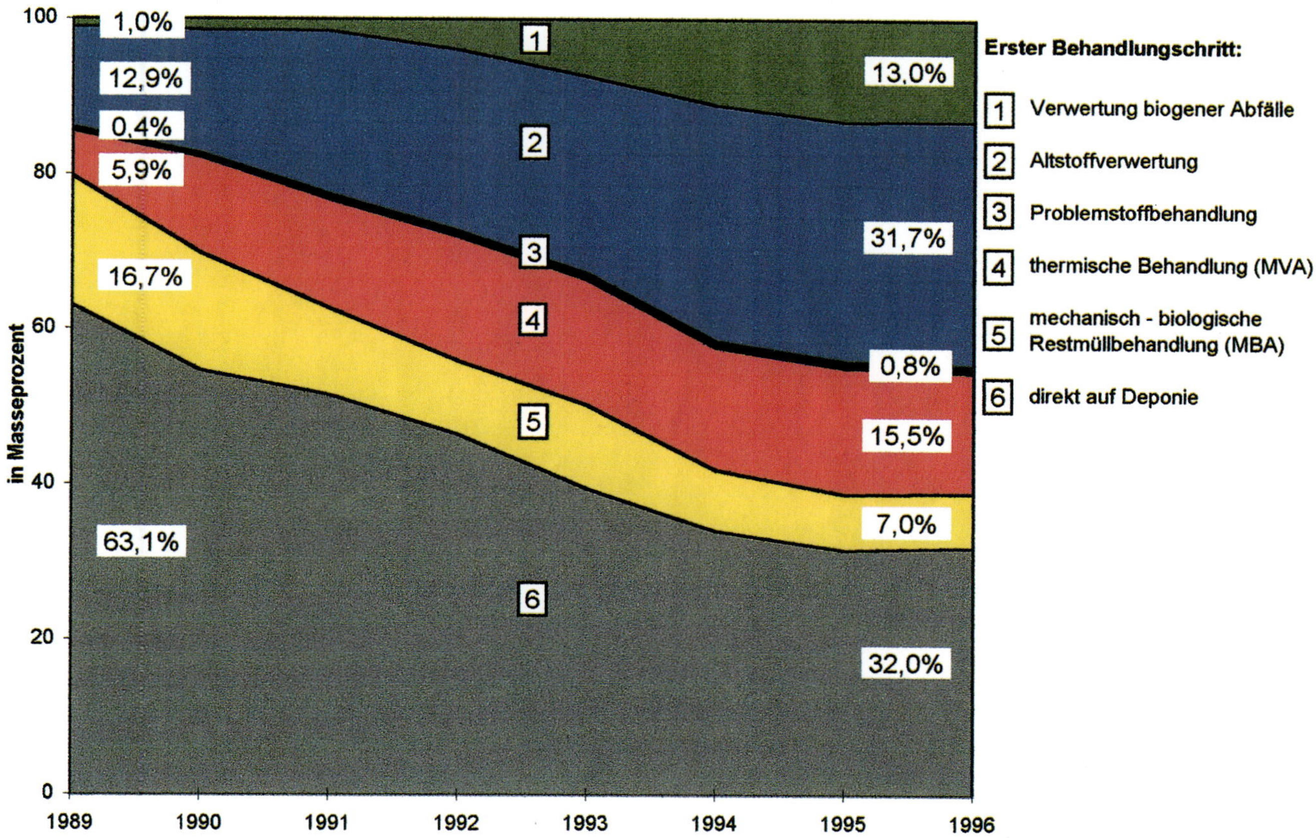

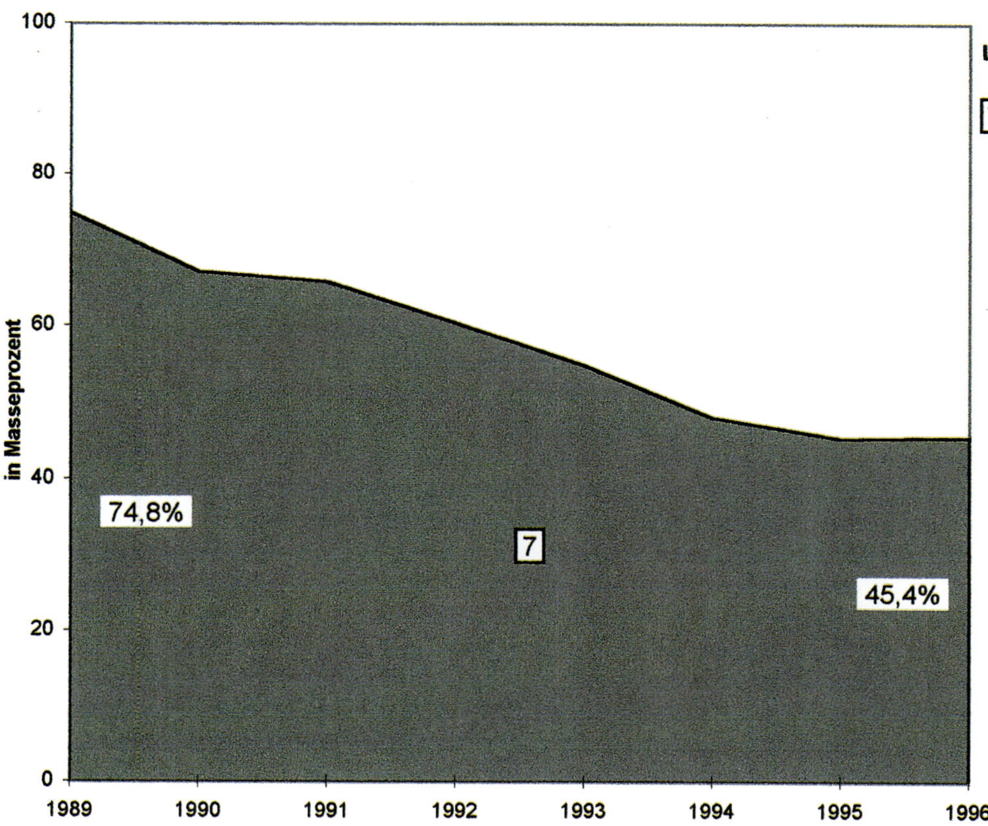

Letzter Behandlungschritt:

7 gesamt auf Deponie

d.i. die Summe aus direkter Anlieferung auf die Deponien sowie den Reststoffen aus der Altstoffverwertung, aus der Verwertung biogener Abfälle sowie Reststoffe aus der mechanisch- biologischen und thermischen Behandlung von Restmüll

Umweltbundesamt

Juni 1998

nien. Gegenüber dem Jahr 1993 konnte damit die auf Deponien abgelagerte Menge absolut um 110.000 t reduziert werden (d.s. rd. 8 % der Abfälle aus Haushalten und ähnlichen Einrichtungen bezogen auf 1996).

Das gesamte Aufkommen an Abfällen aus Haushalten und ähnlichen Einrichtungen hat sich seit Fertigstellung des letzten Bundes-Abfallwirtschaftsplanes zwar stetig erhöht, jedoch gelangten im Vergleichszeitraum auch immer weniger Abfälle auf Deponien. Dies ist als Erfolg der effektiven getrennten Sammlungen von Altstoffen, biogenen Abfällen und Problemstoffen anzusehen.

Es ist jedoch auch festzustellen, daß zum ersten Mal seit Beginn der Dokumentation des Abfallaufkommens im Umweltbundesamt das Restmüllaufkommen, das bis 1995 stets rückläufig war, im Jahr 1996 wieder ansteigt. Gründe dafür liegen in einem kontinuierlichen Anstieg der Wohnbevölkerung, in einer dementsprechenden Zunahme der Haushalte, in der Abnahme der durchschnittlichen Haushaltsgröße, in einer Änderung der Eßgewohnheiten der Verbraucher (Nachfrage nach Fertiggerichten in kleineren verpackten Portionen) sowie einem vermehrten marktseitigen Angebot an Einwegprodukten. Zudem werden weiterhin vermehrt Grünabfälle aus Hausgärten, die früher dort kompostiert wurden, in Sammelbehälter für biogene Abfälle gelangen.

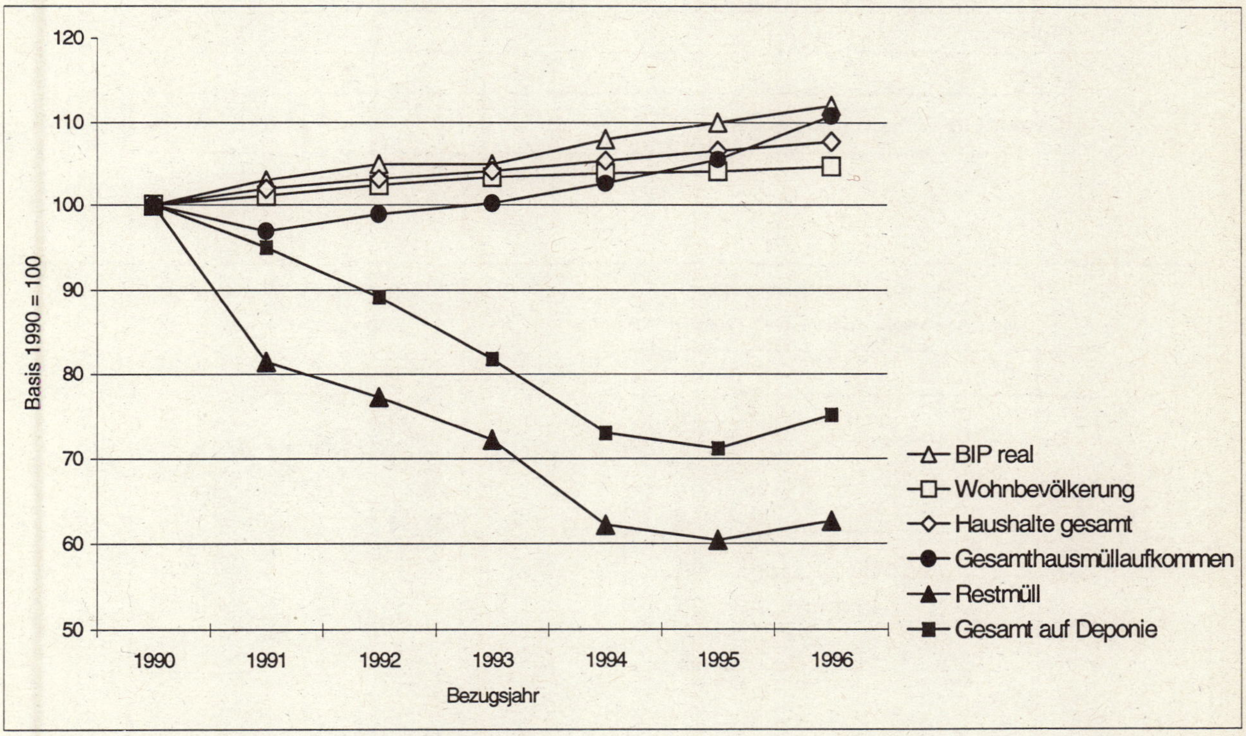

Abbildung 7: Einflußgrößen für die Veränderung des Hausmüll- bzw. Restmüllaufkommens

4.2 Bodenaushub

Die zahlenmäßig größte Menge stellt Bodenaushub mit einem Massenpotential von rd. 20 Mio t dar. Bodenaushub wird großteils in zulässiger Form verwertet, geringe Anteile werden auf Deponien abgelagert. In der Massenangabe nicht enthalten sind Verfüllungen und Schüttungen, die im Zuge von Baumaßnahmen unmittelbar am Ort des Anfalls durchgeführt werden.

Tabelle 5: Massenpotentiale für Bodenaushub (Angaben der Ämter der Landesregierungen, Stand 1996)

Bundesländer	**BAWP 1998**
Burgenland	900.000
Kärnten	1.200.000
Niederösterreich	2.948.000
Oberösterreich	4.800.000
Salzburg	800.000
Steiermark	4.500.000
Tirol	1.255.000
Vorarlberg	983.000
Wien	2.783.000
Gesamt in Tonnen (gerundet)	**20 Mio**

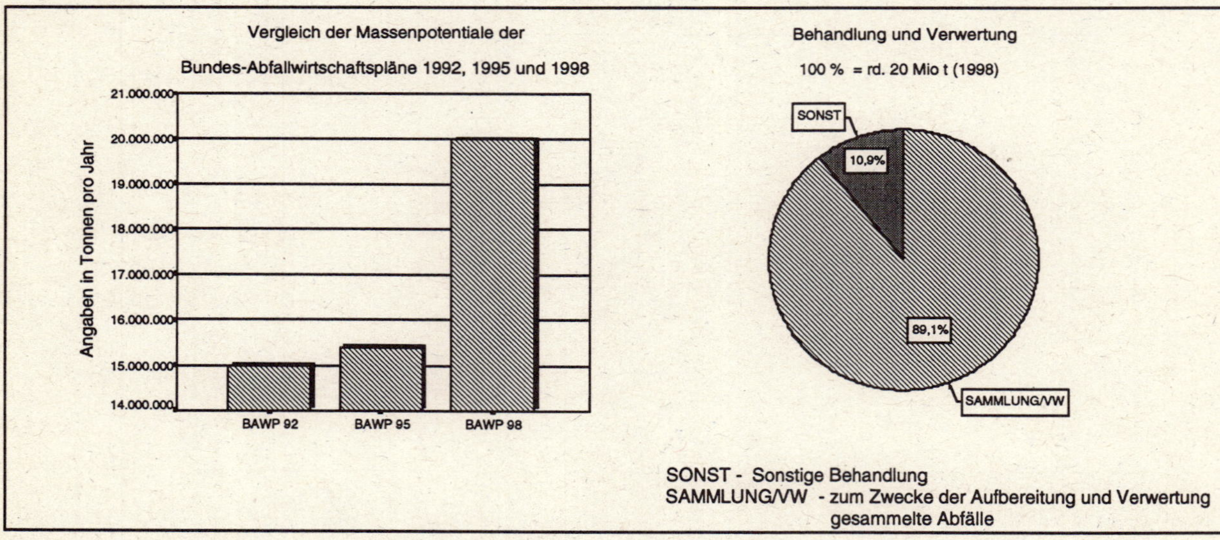

Abbildung 8: Vergleich der Massenpotentiale der Bundes-Abfallwirtschaftspläne 1992, 1995 und 1998 sowie Behandlungs- und Verwertungsanteil für Bodenaushub

4.3 Baurestmassen und Baustellenabfälle

Das Massenpotential für Baurestmassen (ohne Bodenaushub) kann für Österreich mit rd. 6,4 Mio t beziffert werden. Aufgrund eines jährlich gestiegenen Verwertungsanteils ist für 1997 mit aufbereiteten Baurestmassen von rd. 3,7 Mio t zu rechnen. Im Vergleich zum Jahr 1994 bedeutet dies einen Anstieg von über 1 Mio t oder beinahe 60 %.

Tabelle 6: Massenpotentiale 1998 für Baurestmassen und Baustellenabfälle

SN	Abfallbezeichnungen der ÖNORM S 2100 (1990)	BAWP 1998
31409	Bauschutt (keine Baustellenabfälle)	3.600.000
31410	Straßenaufbruch	1.700.000
31412	Asbestzement	3.000
31413	Asbestzementstäube	in SN 31412
31427	Betonabbruch	in SN 31410
91206	Baustellenabfälle (kein Bauschutt)	1.100.000
	Summe (Angaben in Tonnen)	**6.403.000**

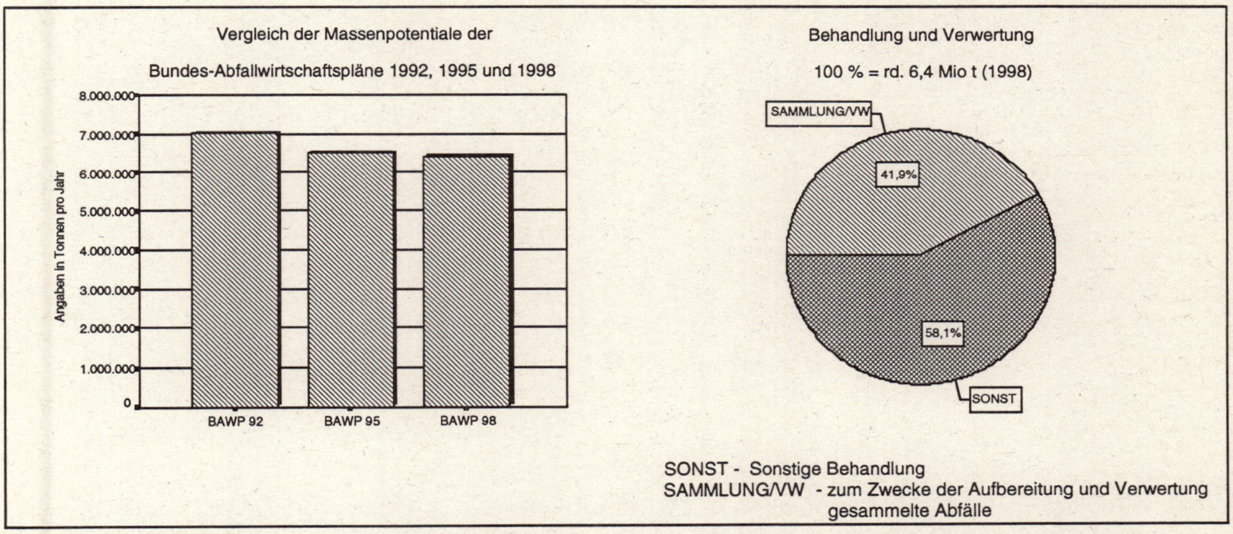

Abbildung 9: Vergleich der Massenpotentiale der Bundes-Abfallwirtschaftspläne 1992, 1995 und 1998 sowie Behandlungs- und Verwertungsanteil für Baurestmassen und Baustellenabfälle (ohne Bodenaushub)

4.4 Abfälle mineralischen Ursprungs

Das Massenpotential für nicht gefährliche Abfälle mineralischen Ursprungs (ohne Baurestmassen und Altglas aus Gewerbe und Industrie) kann mit rd. 4 Mio t angegeben werden. Rund drei Viertel der anfallenden Masse wird verwertet, der Rest einer Behandlung zugeführt. Diese Abfälle stammen hauptsächlich aus Gießereien, der Eisen- und Stahlindustrie sowie aus Feuerungsanlagen.

Tabelle 7: Massenpotentiale 1998 für Abfälle mineralischen Ursprungs (ohne Baurestmassen und Altglas)

SN	Abfalluntergruppenbezeichnungen der ÖNORM S 2100 (1990)	BAWP 1998
311	Ofenausbrüche, Hütten- und Gießereischutt	37.590
312	Metallurgische Schlacken, Krätzen, Stäube	2.193.403
313	Aschen, Schlacken und Stäube aus der thermischen Abfallbehandlung und aus Feuerungsanlagen	638.000
314	Sonstige feste mineralische Abfälle	566.113
316	Mineralische Schlämme	554.245
	Summe (Angaben in Tonnen)	**3.989.351**

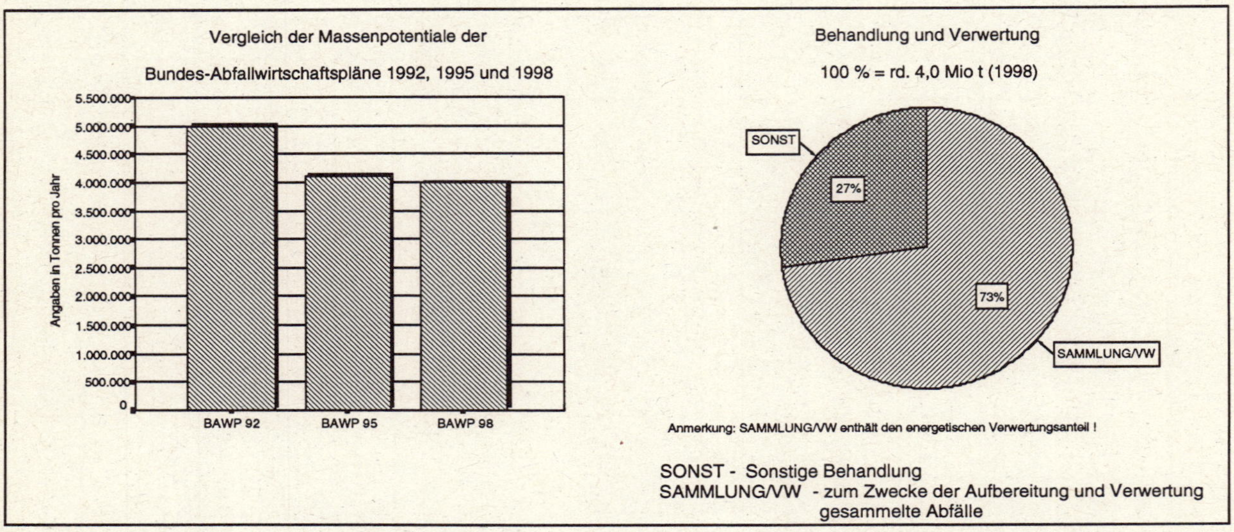

Abbildung 10: Vergleich der Massenpotentiale der Bundes-Abfallwirtschaftspläne 1992, 1995 und 1998 sowie Behandlungs- und Verwertungsanteil für Abfälle mineralischen Ursprungs

Aus Gießereien stammen rd. 102.000 t/a mineralische Abfälle. Diese werden zu rd. 14% verwertet, der Rest wird deponiert (Branchenkonzept Gießereiindustrie). Der Nahrungs- und Genußmittelindustrie sind rd. 384.000 t/a Rückstände (SN 31635 "Rübenerde", SN 31636 "Carbonatationsschlamm") zuzuordnen, die zu 100 % als Dünger genutzt werden (Branchenkonzept Nahrungs- und Genußmittelindustrie).

Die im Auftrag des Umweltbundesamtes erstellte Studie "Behandlung von Reststoffen aus der Eisen- und Stahlindustrie" geht für 1995 von einem Gesamtrückstandsaufkommen von rd. 2,7 Mio t aus. Davon sind rd. 2,4 Mio t an Schlacken, Stäuben, Schlämmen sowie Koksabrieb und Koksgries den mineralischen Abfällen zuzuordnen. 86 % der Rückstände werden hüttenintern bzw. extern verwertet, der Rest wird als Abfall entsorgt.

4.5 Holzabfälle ohne Holzverpackungen

Holz kommt in vielen Wirtschaftsbereichen zum Einsatz, demzufolge gibt es auch eine Vielzahl an Anfallstellen für Holzabfälle. Zu unterscheiden sind Altholz und Restholz:

- **Altholz** beinhaltet Materialien, die für den ursprünglichen Verwendungszweck nicht mehr verwendbar sind, z.B. Paletten, Kisten, Eisenbahnschwellen, Möbel, Bau- und Abbruchholz. Altholz kann sowohl naturbelassen als auch behandelt bzw. imprägniert sein.
- **Restholz** fällt in Sägewerken (Rinde, Vollholz, Sägespäne) und weiterverarbeitenden Betrieben (Sägespäne, Hobelspäne, Splitter, stückige Abfälle, Ausschuß, verunreinigte Abfälle) an.

Insgesamt kann das Massenpotential für nicht gefährliche Holzabfälle ohne Holzverpackungen mit rd. 3,3 Mio Tonnen pro Jahr angegeben werden. Darin nicht enthalten ist jener Anteil an Altholz, der dem Bereich der Abfälle aus Haushalten zuzurechnen ist.

Tabelle 8: Massenpotentiale 1998 für Holzabfälle ohne Holzverpackungen

SN	Abfallbezeichnungen der ÖNORM S 2100 (1990)	BAWP 1998
17101	Rinde	1.000.000
17102	Schwarten, Spreißel aus sauberem, unbeschichtetem Holz	320.000
17103	Sägemehl und Sägespäne aus sauberem, unbeschichtetem Holz	1.500.000
17104	Holzschleifstäube und Holzschleifschlämme	40.000
17114	Staub und Schlamm aus Spanplattenherstellung	75.000
17115	Spanplattenabfälle	178.000
17202	Bau- und Abbruchholz	200.000
17207	Eisenbahnschwellen	20.000
17209	Holz (z.B. Pfähle und Masten), ölimprägniert	9.400
	Summe (Angaben in Tonnen)	**3.342.400**

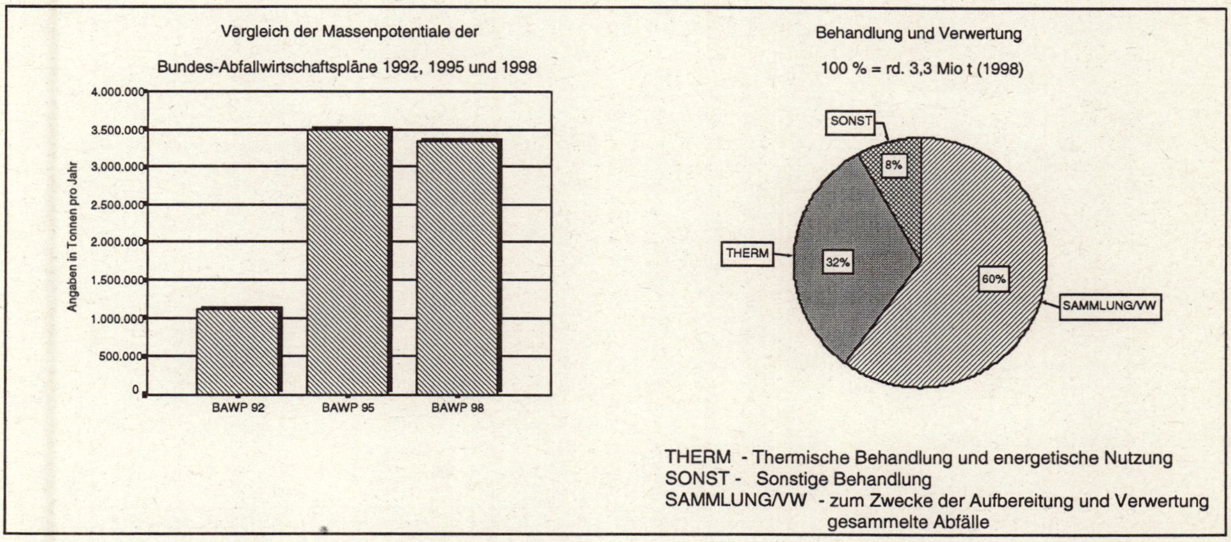

Abbildung 11: Vergleich der Massenpotentiale der Bundes-Abfallwirtschaftspläne 1992, 1995 und 1998 sowie Behandlungs- und Verwertungsanteil für Holzabfälle ohne Holzverpackungen

Die aus der holzverarbeitenden Industrie und dem holzverarbeitenden Gewerbe stammenden rd. 874.000 t Restholz (enthalten in Abfallgruppe SN 171) werden bereits heute zu 98 % stofflich (z.B. zur Faserplattenherstellung) oder energetisch verwertet.

4.6 Abfälle aus der Wasseraufbereitung, Abwasserbehandlung und der Gewässernutzung

Die Masse dieser großteils als Schlämme anfallenden Abfälle wird auf rd. 2,3 Mio t geschätzt (bezogen auf 30 % Trockensubstanzgehalt). Neben Klärschlämmen aus Abwasserreinigungsanlagen zählen dazu auch Abfälle aus dem Bereich der Wasseraufbereitung, der Abwasserbehandlung und der Gewässernutzung.

Tabelle 9: Massenpotentiale 1998 für Abfälle aus der Wasseraufbereitung, Abwasserbehandlung und der Gewässernutzung

SN	Abfalluntergruppenbezeichnungen der ÖNORM S 2100 (1990)	BAWP 1998
941	Schlämme aus der Wasseraufbereitung	17.945
943	Nicht stabilisierte Schlämme aus mechanisch-biologischer Abwasserbehandlung, soweit sie nicht in anderen Positionen enthalten sind (Rohschlamm, Frischschlamm)	1.000.051
945	Stabilisierte Schlämme aus mechanisch-biologischer Abwasserbehandlung, soweit sie nicht in anderen Positionen enthalten sind (rd. 30 % TS)	560.000
947	Rückstände aus der Kanalisation und Abwasserbehandlung (ausgenommen Schlämme)	71.000
948	Schlämme aus der Abwasserbehandlung (rd. 30 % TS)	615.000
949	Abfälle aus der Gewässernutzung	32.000
	Summe (Angaben in Tonnen)	**2.295.996**

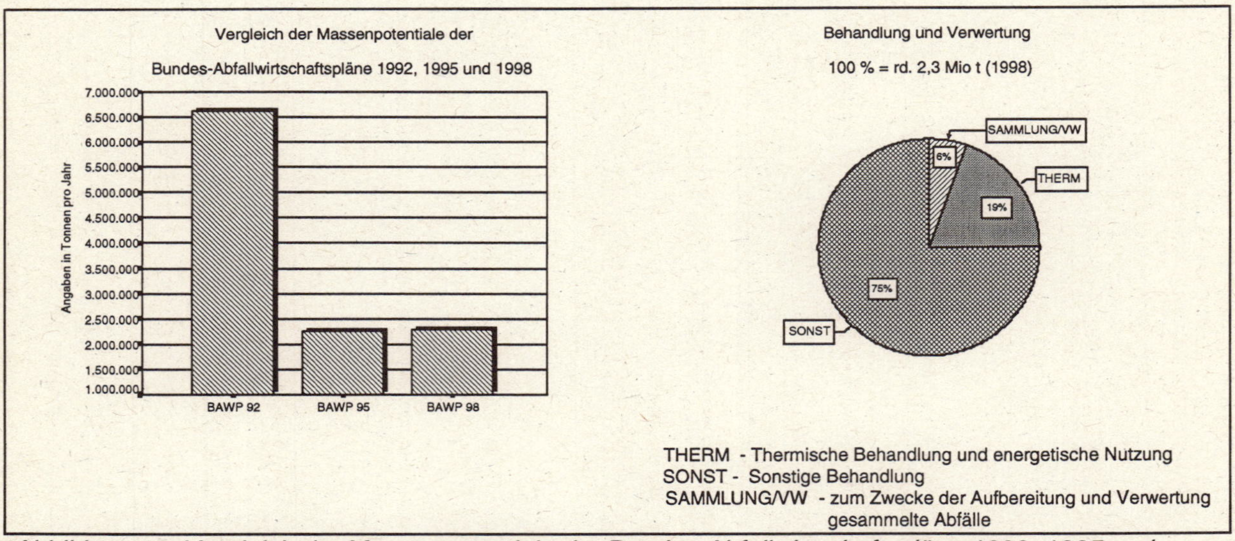

Abbildung 12: Vergleich der Massenpotentiale der Bundes-Abfallwirtschaftspläne 1992, 1995 und 1998 sowie Behandlungs- und Verwertungsanteil für Abfälle aus der Wasseraufbereitung, Abwasserbehandlung und Gewässernutzung

Die große Differenz der Massenangaben zwischen dem Bundes-Abfallwirtschaftsplan 1992 und den Bundes-Abfallwirtschaftsplänen 1995 und 1998 ist im wesentlichen auf einen den tatsächlichen Entsorgungsgegebenheiten entsprechenden Trockensubstanzgehalt (TS) von rd. 30 % zurückzuführen. Die Gesamtmasse der Abfallgruppe blieb seit 1995 annähernd unverändert, wenngleich Massendifferenzen bei einzelnen Abfallarten auftreten.

Aktuelle Daten sind nur für industrielle und kommunale Klärschlämme verfügbar, es wird daher im folgenden auf diese Abfälle Bezug genommen.

Laut Gewässerschutzbericht 1996 des Bundesministeriums für Land- und Forstwirtschaft fielen im Jahr 1995 in Österreich 390.500 t TS Klärschlamm an, wovon 186.000 t TS aus dem kommunalen Bereich und 204.500 t TS aus der Industrie stammen. Gegenüber der Gesamtschlammenge von 1992 mit rd. 300.000 t TS bedeutet dies eine Zunahme von 30 %.

Für die 1995 insgesamt angefallenen 390.500 t TS Klärschlamm wurden folgende Verwertungs- und Entsorgungswege beschritten (siehe Abbildung 13).

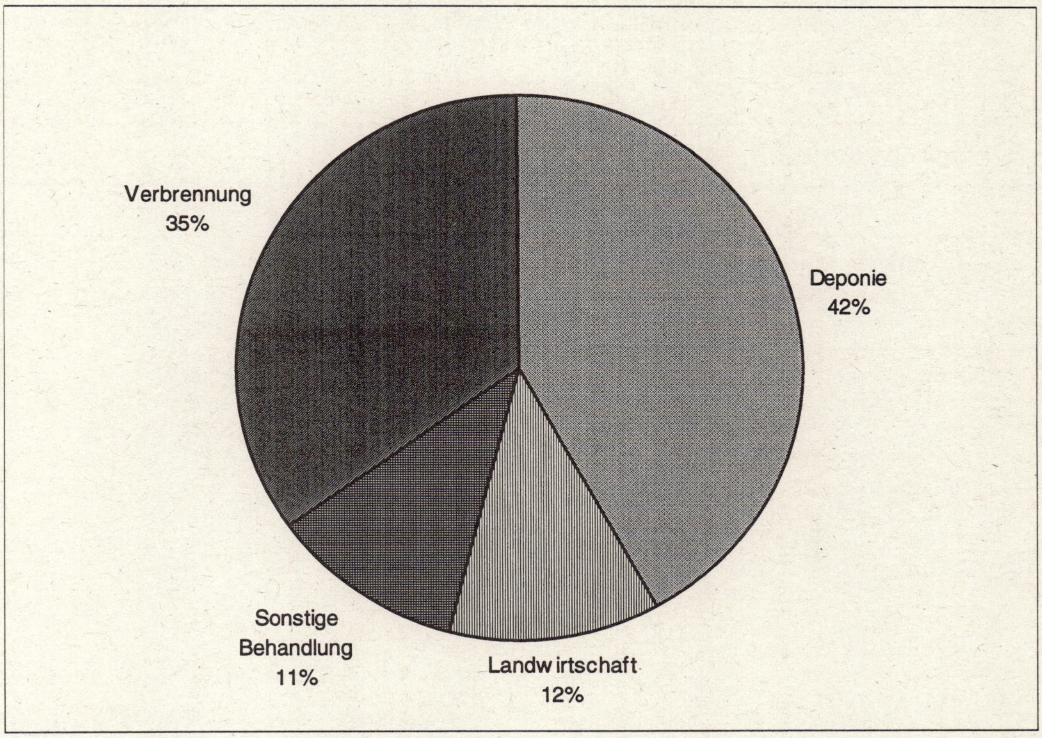

Abbildung 13: Verwertung und Entsorgung von Klärschlamm in Österreich 1995 (100 % = 390.000 t TS)

Die Zukunft der Klärschlammverwertung und -entsorgung wird sehr unterschiedlich diskutiert. Dies geht vor allem aus den Klärschlammkonzepten der Bundesländer, in deren Kompetenzbereich Klärschlamm fällt, hervor. Allen Konzepten gemein ist die grundsätzliche Zustimmung zur landwirtschaftlichen Verwertung, soweit dies ökologisch und ökonomisch sinnvoll ist. Weiters ist ein Trend, wenn auch sehr unterschiedlich ausgeprägt, zu einer weitergehenden Behandlung (z.B. Kompostierung, Trocknung) vor einer Verwertung zu erkennen. Die Deponierung von Klärschlamm in entwässerter Form wird in Zukunft nicht mehr den Anforderungen der Abfallwirtschaft (Deponieverordnung) entsprechen. Trotzdem sind derzeit in den meisten Bundesländern kaum konkrete Alternativen für die Entsorgung von Schlämmen in Aussicht. Die Notwendigkeit des Aufbaues entsprechender Verbrennungskapazitäten ist zwar unbestritten. Zwischenlösungen werden jedoch kaum aufgezeigt.

4.7 Altstoffe aus der getrennten Sammlung aus Gewerbe und Industrie

Altstoffe aus Gewerbe und Industrie werden über 2 Mio t getrennt erfaßt. Die Massendifferenz zwischen dem Bundes-Abfallwirtschaftsplan 1995 und dem Bundes-Abfallwirtschaftsplan 1998 ist im wesentlichen auf aktuelle Daten aus der Eisen- und Stahlindustrie zurückzuführen. In dieser Branche fallen rd. 1,1 Mio t Eisenschrott, welche zu 100% verwertet werden, an.

Tabelle 10: Massenpotentiale 1998 für getrennt gesammelte Altstoffe aus Gewerbe und Industrie

SN	Abfallbezeichnungen der ÖNORM S 2100 (1990)	BAWP 1998
17201	Holzemballagen und Holzabfälle, nicht verunreinigt	200.000
18720	Papier und Pappe, unbeschichtet	600.000
31408	Glas und Altglas	20.000
35	Metallabfälle (Eisenmetallemballagen, NE-Metallschrott, NE-Metallemballagen)	1.166.000
57118	Kunststoffemballagen und -behältnisse	70.000
58107	Stoff- und Gewebereste, Altkleider	12.000
	Summe (Angaben in Tonnen)	**2.068.000**

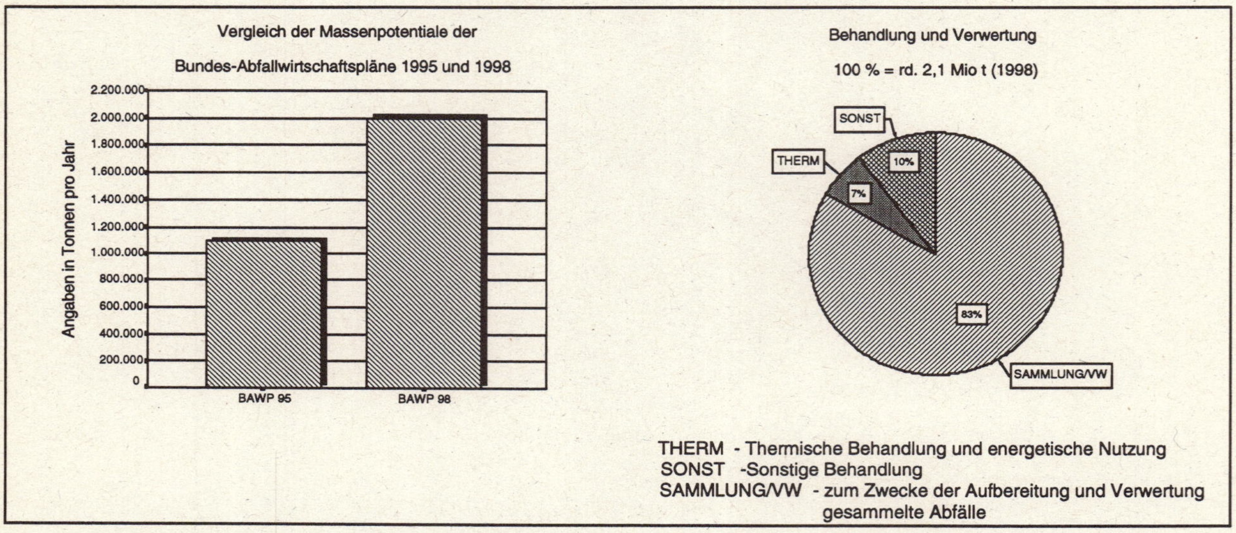

Abbildung 14: Vergleich der Massenpotentiale der Bundes-Abfallwirtschaftspläne 1995 und 1998 sowie Behandlungs- und Verwertungsanteil für getrennt gesammelte Altstoffe aus Gewerbe und Industrie

4.8 Sonstige nicht gefährliche Abfälle

Das zu erwartende jährliche Massenpotential an sonstigen nicht gefährlichen Abfällen kann mit rd. 4,9 Mio t beziffert werden.

Dazu zählen beispielsweise

- Grünschnitt
- Straßenkehricht
- Abfälle aus der Produktion von Nahrungs- und Genußmitteln
- Kunststoff- und Gummiabfälle ebenso wie
- betriebliche nicht gefährliche Abfälle, die auf Deponien abgelagert werden.

Zur Ermittlung der Massenangaben wurden Branchenkonzepte, Angaben der Ämter der Landesregierungen, Studien und eigene Erhebungen herangezogen. Diese erlauben einen guten Überblick über das Aufkommen, lassen jedoch aufgrund der Vielfältigkeit dieser Abfälle keine generelle Aussage über zukünftige Entwicklungen zu.

Tabelle 11: Massenpotentiale 1998 für sonstige nicht gefährliche Abfälle

SN	Abfallbezeichnungen der ÖNORM S 2100 (1990)	BAWP 1998
11	Nahrungs- und Genußmittelabfälle	538.615
12	Abfälle pflanzlicher und tierischer Fetterzeugnisse	104.631
13	Abfälle aus der Tierhaltung und Schlachtung	669.000
14	Häute und Lederabfälle	127.225
18	Zellulose-, Papier- und Pappeabfälle	198.680
19	Andere Abfälle aus der Verarbeitung und Veredelung tierischer und pflanzlicher Produkte	75.352
35	Metallabfälle	361.912
39	Andere Abfälle mineralischen Ursprungs sowie Abfälle von Veredelungsprodukten	10.000
51	Oxide, Hydroxide, Salzabfälle	53.324
52	Abfälle von Säuren, Laugen, Konzentraten	3.921
53	Abfälle von Pflanzenbehandlungs- und Schädlingsbekämpfungsmitteln sowie von pharmazeutischen Erzeugnissen und Desinfektionsmitteln	190
54	Abfälle von Mineralöl- und Kohleveredelungsprodukten	13.101
55	Abfälle von organischen Lösemitteln, Farben, Lacken, Klebstoffen, Kitten, Harzen	16.410
57	Kunststoff- und Gummiabfälle	488.128
58	Textilabfälle (Natur- und Chemiefaserprodukte)	10.485
59	Andere Abfälle chemischer Umwandlungs- und Syntheseprodukte	13.208
91	Feste Siedlungsabfälle einschließlich ähnlicher Gewerbeabfälle	1.394.500
95	Flüssige Abfälle aus Abfallbehandlungsanlagen	440
97	Abfälle aus dem medizinischen Bereich	20.260
99	Sonstige Siedlungsabfälle einschließlich ähnlicher Gewerbeabfälle	2
	Nicht näher spezifizierte betriebliche Abfälle	755.205
	Summe (Angaben in Tonnen)	**4.854.589**

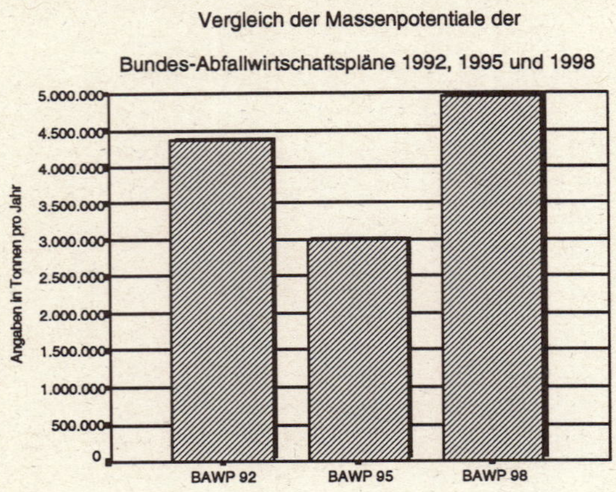

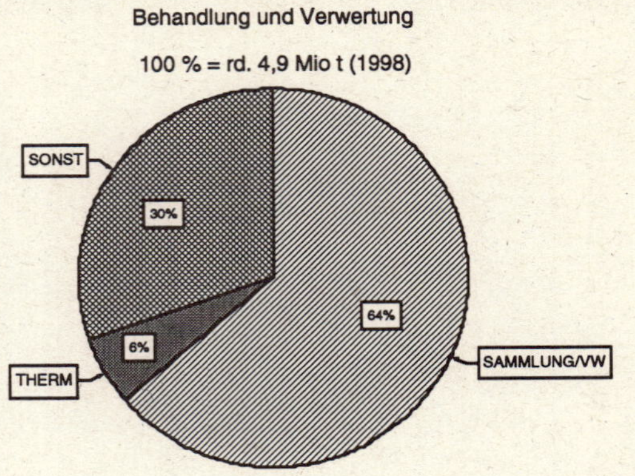

THERM - Thermische Behandlung und energetische Nutzung
SONST - Sonstige Behandlung
SAMMLUNG/VW - zum Zwecke der Aufbereitung und Verwertung gesammelte Abfälle

Abbildung 15: Vergleich der Massenpotentiale der Bundes-Abfallwirtschaftspläne 1992, 1995 und 1998 sowie Behandlungs- und Verwertungsanteil für sonstige nicht gefährliche Abfälle

5 MASSENPOTENTIALE 1998 IM DETAIL

Im folgenden wird ein Überblick der Massenpotentiale, gegliedert nach Abfallgruppen der ÖNORM S 2100 (1990), gegeben. Ebenso werden die Anteile gefährlicher Abfälle an der Abfallgruppe und die anteilsmäßig verwerteten, verbrannten und sonst behandelten Abfallmassen ausgewiesen.

Tabelle 12: Massenpotentiale 1998, gegliedert nach Abfallgruppen

Lfd. Nr.	GR	Abfallgruppenbezeichnung gemäß ÖNORM S 2100 (1990)	Gewerbe und Industrie			Abfälle aus Haushalten und ähnlichen Einrichtungen	Gesamt
			Gefährliche Abfälle	Baurestmassen, Baustellenabfälle, Bodenaushub, Bau- und Abbruchholz	Sonstige nicht gefährliche Abfälle (einschl. Altstoffe)		
1	11	NAHRUNGS- UND GENUSSMITTELABFÄLLE	20	,	538.615	,	**538.635**
2	12	ABFÄLLE PFLANZLICHER UND TIERISCHER FETTERZEUGNISSE	49.135	,	104.631	,	**153.766**
3	13	ABFÄLLE AUS DER TIERHALTUNG UND SCHLACHTUNG	3	,	669.000	,	**669.003**
4	14	HÄUTE UND LEDERABFÄLLE	,	,	127.225	,	**127.225**
5	17	HOLZABFÄLLE	3.072	200.000	3.342.400	,	**3.545.472**
6	18	ZELLULOSE-, PAPIER- UND PAPPEABFÄLLE	180	,	798.680	439.000	**1.237.860**
7	19	ANDERE ABFÄLLE AUS DER VERARBEITUNG UND VEREDELUNG TIERISCHER UND PFLANZLICHER PRODUKTE	,	,	75.352	,	**75.352**
8	31	ABFÄLLE MINERALISCHEN URSPRUNGS (OHNE METALLABFÄLLE)	357.029	25.303.000	4.009.351	183.000	**29.852.380**
9	35	METALLABFÄLLE	79.671	,	1.527.912	126.000	**1.733.583**
10	39	ANDERE ABFÄLLE MINERALISCHEN URSPRUNGS SOWIE ABFÄLLE VON VEREDELUNGSPRODUKTEN	2	,	10.000	,	**10.002**
11	51	OXIDE, HYDROXIDE, SALZABFÄLLE	19.331	,	53.324	,	**72.655**
12	52	ABFÄLLE VON SÄUREN, LAUGEN, KONZENTRATEN	23.108	,	3.921	,	**27.029**
13	53	ABFÄLLE VON PFLANZENBEHANDLUNGS- UND SCHÄDLINGSBEKÄMPFUNGSMITTELN SOWIE VON PHARMAZEUTISCHEN ERZEUGNISSEN UND DESINFEKTIONSMITTELN	1.880	,	190	,	**2.070**
14	54	ABFÄLLE VON MINERALÖL- UND KOHLEVEREDELUNGSPRODUKTEN	168.829	,	13.101	,	**181.930**
15	55	ABFÄLLE VON ORGANISCHEN LÖSEMITTELN, FARBEN, LACKEN, KLEBSTOFFEN, KITTEN UND HARZEN	40.002	,	16.410	,	**56.412**
16	57	KUNSTSTOFF-UND GUMMIABFÄLLE	6.146	,	558.128	90.000	**654.274**
17	58	TEXTILABFÄLLE (NATUR- UND CHEMIEFASERPRODUKTE)	412	,	22.485	18.000	**40.897**
18	59	ANDERE ABFÄLLE CHEMISCHER UMWANDLUNGS- UND SYNTHESEPRODUKTE	3.639	,	13.208	,	**16.847**
19	91	FESTE SIEDLUNGSABFÄLLE EINSCHLIESSLICH ÄHNLICHER GEWERBEABFÄLLE	,	1.100.000	1.394.500	1.895.000	**4.389.500**
20	94	ABFÄLLE AUS WASSERAUFBEREITUNG, ABWASSERBEHANDLUNG UND GEWÄSSERNUTZUNG	600	,	2.295.996	,	**2.296.596**
21	95	FLÜSSIGE ABFÄLLE AUS ABFALLBEHANDLUNGSANLAGEN	1.000	,	440	,	**1.440**
22	97	ABFÄLLE AUS DEM MEDIZINISCHEN BEREICH	3.101	,	20.260	,	**23.361**
23	99	SONSTIGE SIEDLUNGSABFÄLLE EINSCHLIESSLICH ÄHNLICHER GEWERBEABFÄLLE; NICHT NÄHER SPEZIFIZIERTE BETRIEBLICHE ABFÄLLE; PROBLEMSTOFFE	,	,	755.207	24.000	**779.207**
		Summen (Angaben in Tonnen)	**757.160**	**26.603.000**	**16.350.336**	**2.775.000**	**46.485.496**

Nahrungs- und Genußmittelabfälle

11

Lfd.Nr.	SN	ABFALLBEZEICHNUNGEN DER ÖNORM S 2100 (1990)	BAWP 1998
1	111	ABFÄLLE AUS DER NAHRUNGSMITTELPRODUKTION	306.215
2	114	ABFÄLLE AUS DER GENUSSMITTELPRODUKTION	231.720
3	117	ABFÄLLE AUS DER FUTTERMITTELPRODUKTION	700
		Summe (Angaben in Tonnen)	538.635

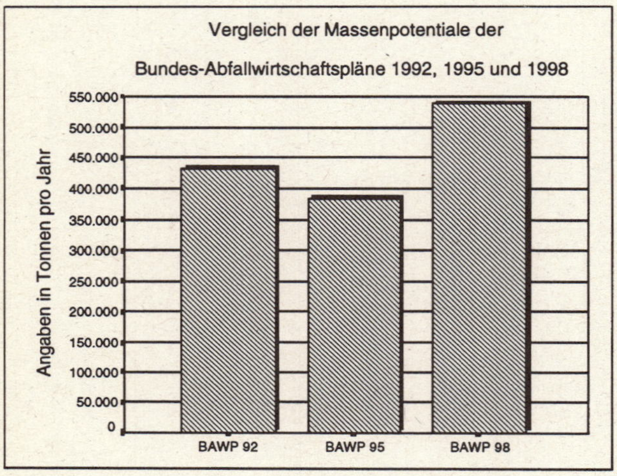

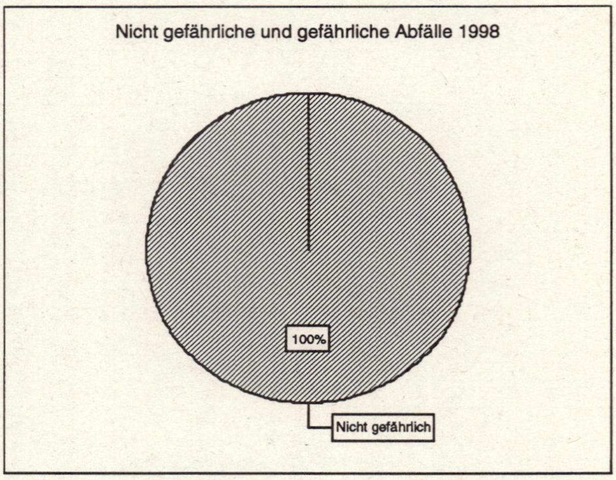

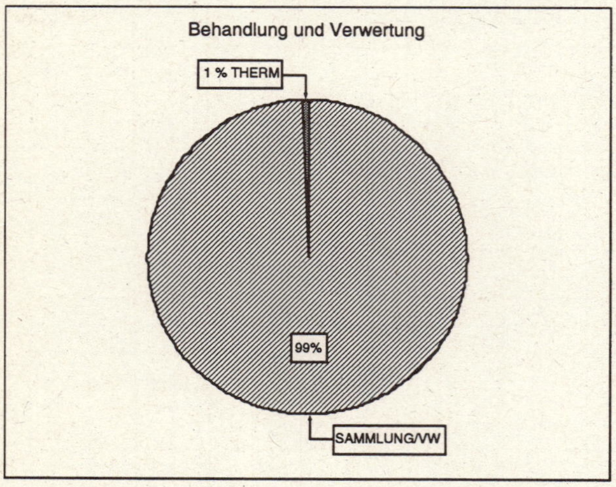

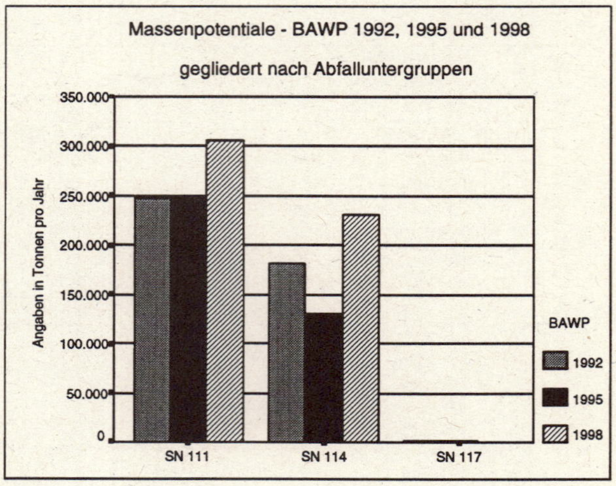

Legende: THERM - Thermische Behandlung und energetische Verwertung
SAMMLUNG/VW - zum Zwecke der Aufbereitung und Verwertung gesammelte Abfälle

Umweltbundesamt

Abfälle pflanzlicher und tierischer Fetterzeugnisse

12

Lfd.Nr.	SN	ABFALLBEZEICHNUNGEN DER ÖNORM S 2100 (1990)	BAWP 1998
1	121	ABFÄLLE AUS DER PRODUKTION PFLANZLICHER UND TIERISCHER ÖLE	85.020
2	123	ABFÄLLE AUS DER PRODUKTION PFLANZLICHER UND TIERISCHER FETTE U. WACHSE	38.585
3	125	EMULSIONEN UND GEMISCHE MIT PFLANZLICHEN UND TIERISCHEN FETTPRODUKTEN	27.020
4	126	PRODUKTE AUS PFLANZENÖLEN	10
5	127	SCHLÄMME AUS DER PRODUKTION PFLANZLICHER UND TIERISCHER FETTE	31
6	129	RAFFINATIONSRÜCKSTÄNDE AUS DER VERARBEITUNG PFLANZLICHER UND TIERISCHER FETTE	3.100
		Summe (Angaben in Tonnen)	153.766

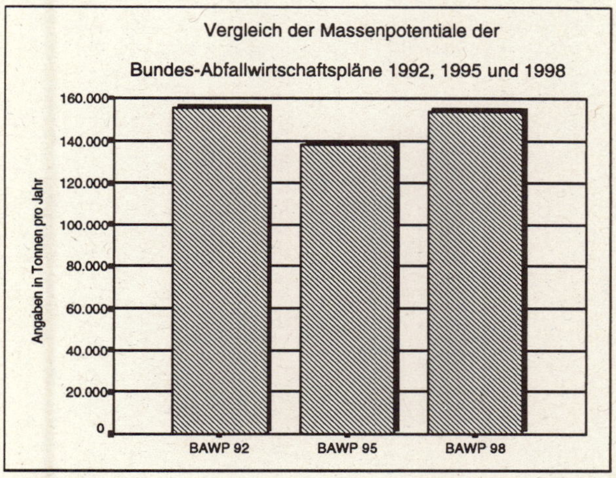

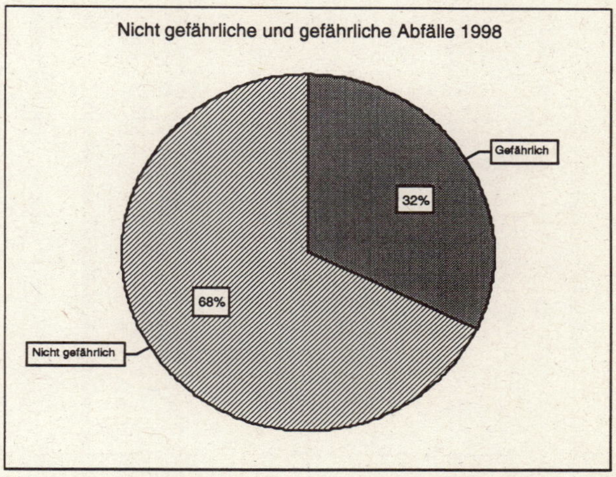

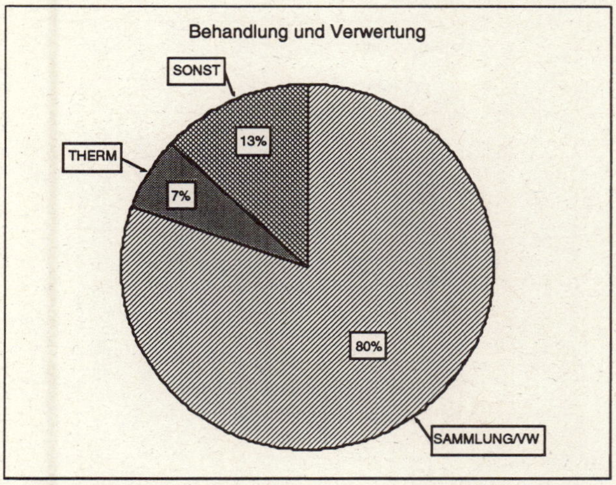

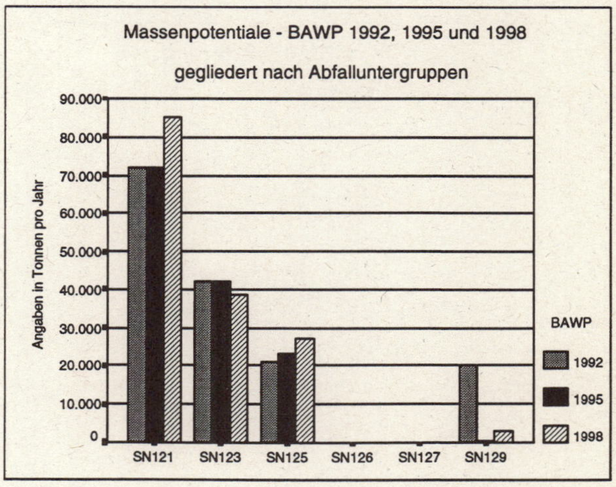

Legende: THERM - Thermische Behandlung und energetische Verwertung
SONST - Sonstige Behandlung
SAMMLUNG/VW - zum Zwecke der Aufbereitung und Verwertung gesammelte Abfälle

Abfälle aus der Tierhaltung und Schlachtung

13

Lfd.Nr.	SN	ABFALLBEZEICHNUNGEN DER ÖNORM S 2100 (1990)	BAWP 98
1	131	SCHLACHTABFÄLLE	43.000
2	134	TIERKÖRPER	256.000
3	137	TIERISCHE FÄKALIEN	370.003
		Summe (Angaben in Tonnen)	669.003

Hinweis: Der geringe Anteil der gefährlichen Abfälle in dieser Abfallgruppe ist grafisch nicht darstellbar!

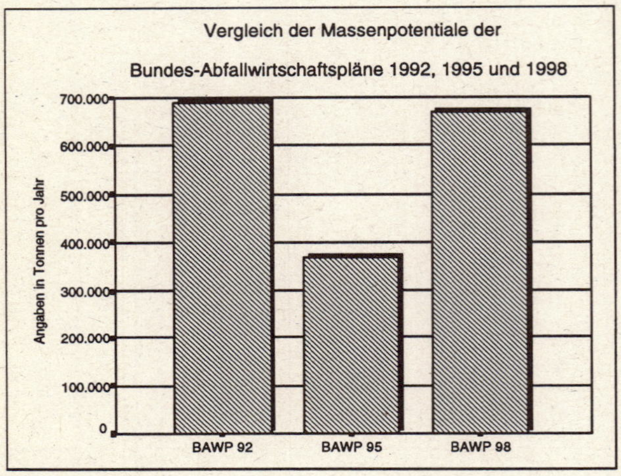

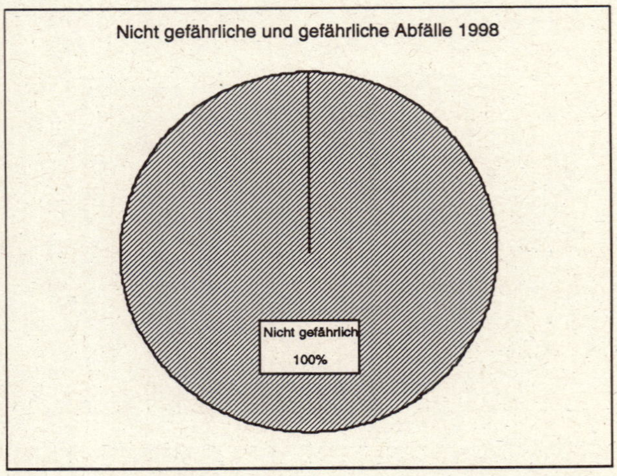

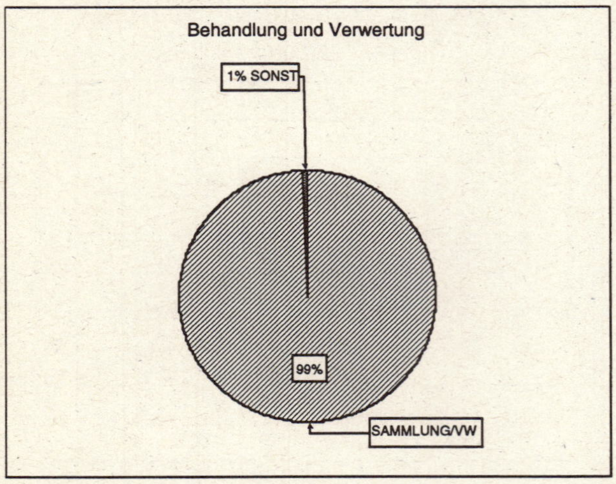

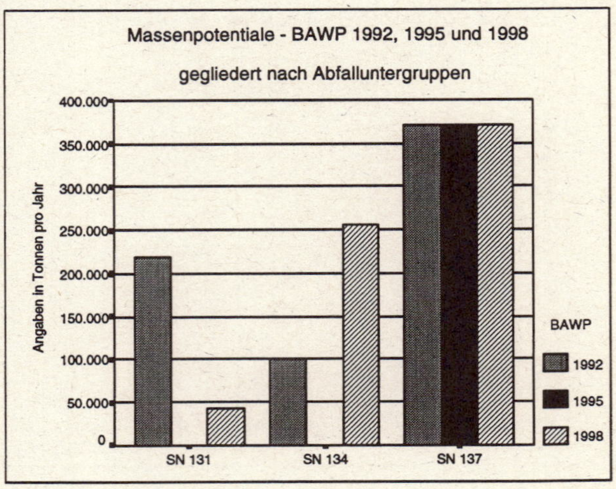

Legende: *SONST - Sonstige Behandlung*
SAMMLUNG/VW - zum Zwecke der Aufbereitung und Verwertung gesammelte Abfälle

Anmerkung: *In SAMMLUNG/VW ist der energetische Anteil enthalten!*

Häute und Lederabfälle

14

Ldf.Nr.	SN	ABFALLBEZEICHNUNGEN DER ÖNORM S 2100 (1990)	BAWP 1998
1	141	ABFÄLLE VON HÄUTEN UND FELLEN	90.000
2	144	ABFÄLLE AUS GERBEREIEN (AUSGENOMMEN LEDERCHEMIKALIEN)	21.005
3	147	LEDERABFÄLLE	16.220
		Summe (Angaben in Tonnen)	127.225

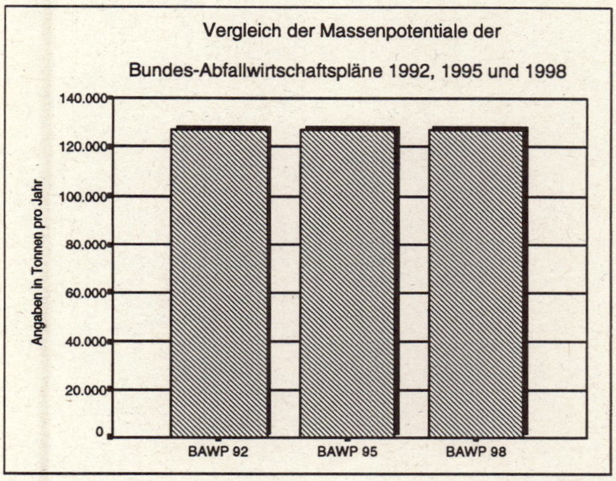

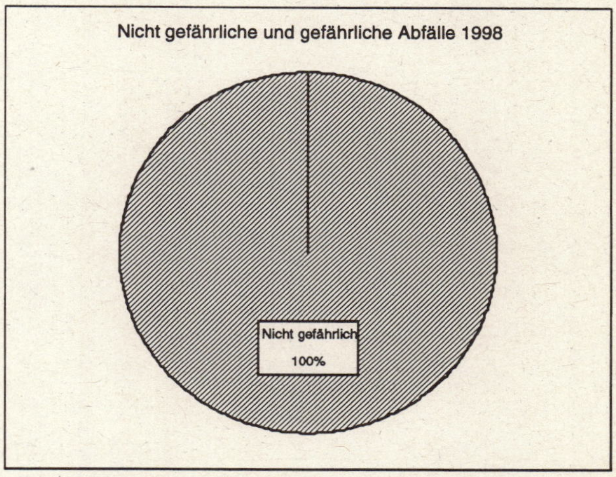

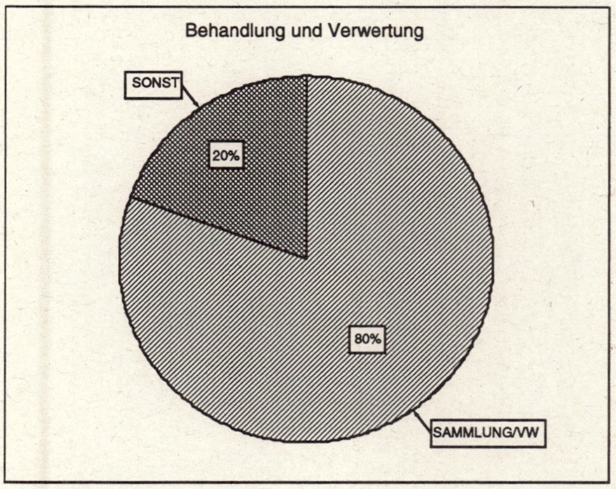

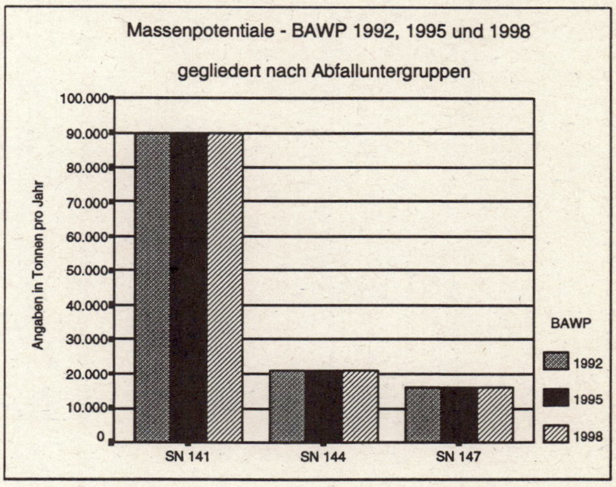

Legende: SONST - Sonstige Behandlung
SAMMLUNG/VW - zum Zwecke der Aufbereitung und Verwertung gesammelte Abfälle

Anmerkung: In SAMMLUNG/VW ist der energetische Verwertungsanteil enthalten.

Holzabfälle

17

Lfd.Nr.	SN	ABFALLBEZEICHNUNGEN DER ÖNORM S 2100 (1990)	BAWP 1998
1	171	HOLZABFÄLLE AUS DER BE- UND VERARBEITUNG	3.113.000
2	172	HOLZABFÄLLE AUS DER ANWENDUNG	432.472
		Summe (Angaben in Tonnen)	3.545.472

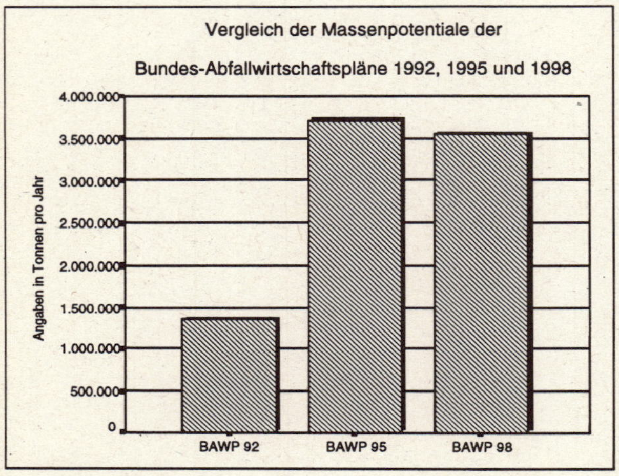

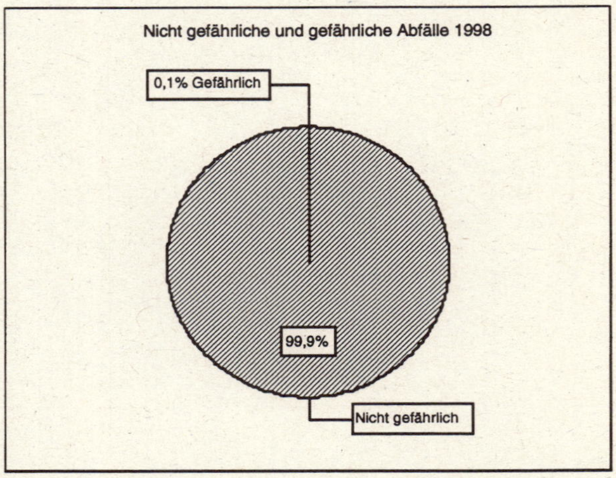

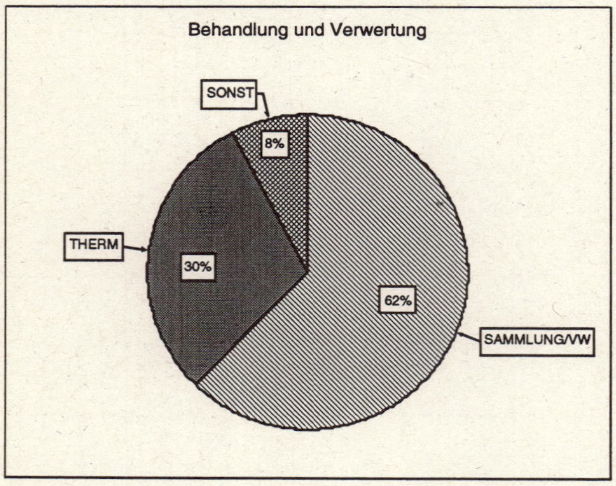

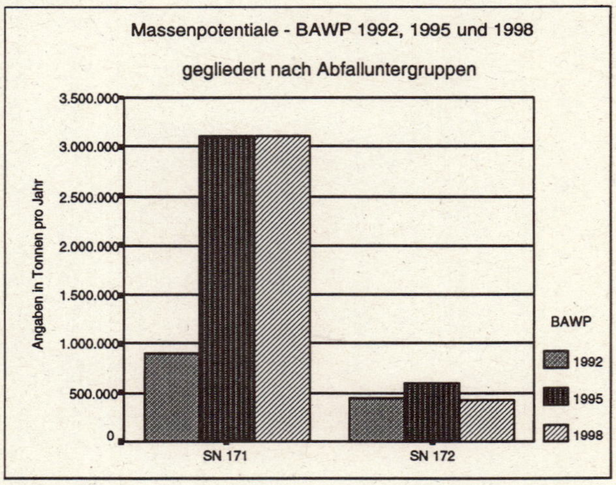

Legende: THERM - Thermische Behandlung und energetische Verwertung
SONST - Sonstige Behandlung
SAMMLUNG/VW - zum Zwecke der Aufbereitung und Verwertung gesammelte Abfälle

Zellulose-, Papier- und Pappeabfälle

18

Lfd.Nr.	SN	ABFALLBEZEICHNUNGEN DER ÖNORM S 2100 (1990)	BAWP1998
1	181	ABFÄLLE AUS DER ZELLSTOFFHERSTELLUNG	66.300
2	184	ABFÄLLE AUS DER ZELLULOSEVERARBEITUNG	105.600
3	187	PAPIER- UND PAPPEABFÄLLE	1.065.960
		Summe (Angaben in Tonnen)	1.237.860

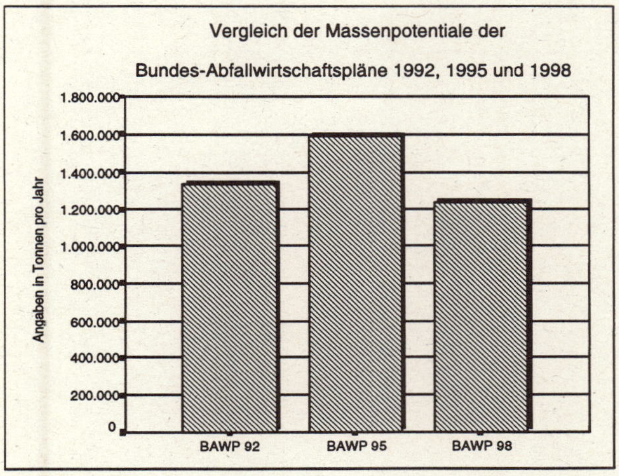

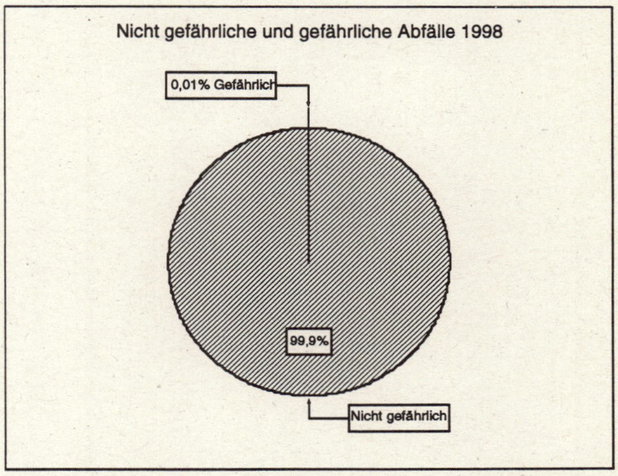

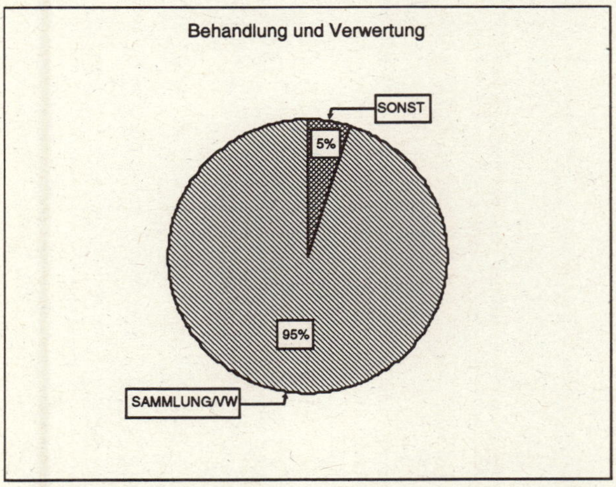

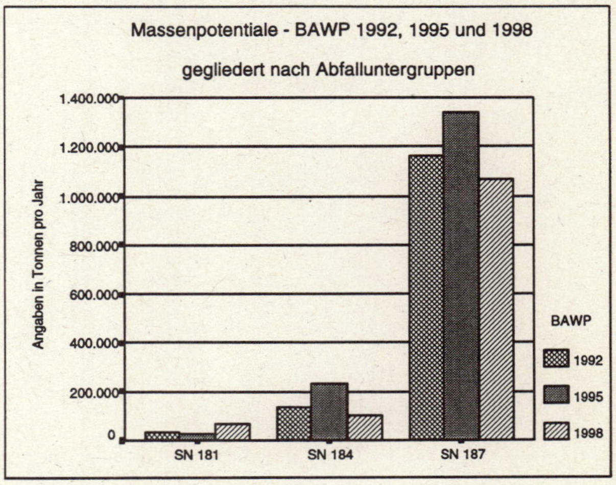

Legende: *SONST - Sonstige Behandlung*
SAMMLUNG/VW - zum Zwecke der Aufbereitung und Verwertung gesammelte Abfälle

Anmerkung: In SAMMLUNG/VW ist der energetische Anteil enthalten!

Umweltbundesamt

Andere Abfälle aus der Verarbeitung und Veredelung tierischer und pflanzlicher Produkte

19

Lfd.Nr.	SN	ABFALLBEZEICHNUNGEN DER ÖNORM S 2100 (1990)	BAWP 1998
1	199	ANDERE ABFÄLLE AUS DER VERARBEITUNG UND VEREDELUNG TIERISCHER UND PFLANZLICHER PRODUKTE	
2	19901	Stärkeschlamm	40
3	19903	Gelatineabfälle	
4	19904	Rückstände aus der Kartoffelstärkeproduktion	51.300
5	19905	Rückstände aus der Maisstärkeproduktion	24.000
6	19906	Rückstände aus der Reisstärkeproduktion	
7	19908	Seifenunterlauge	6
8	19909	Sudkesselrückstände (Seifenherstellung)	4
9	19910	Schlamm aus Seifensiedereien	2
10	19911	Darmabfälle aus der Verarbeitung	
		Summe (Angaben in Tonnen)	75.352

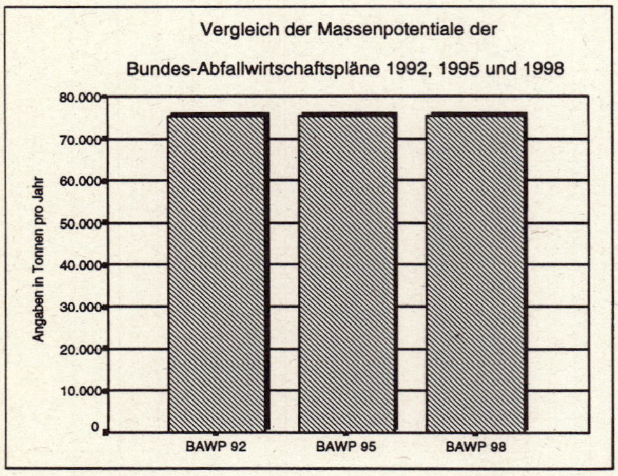

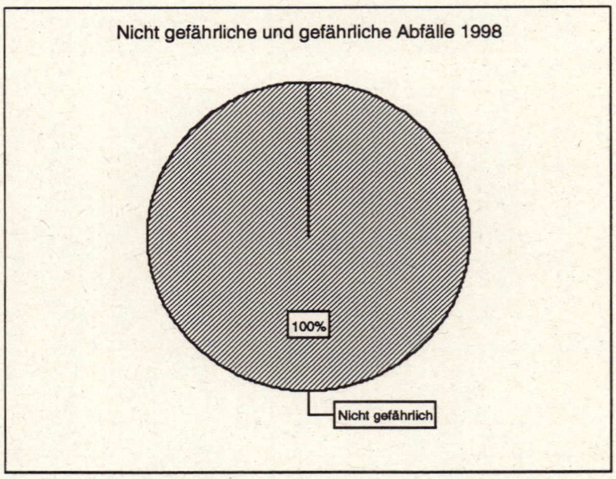

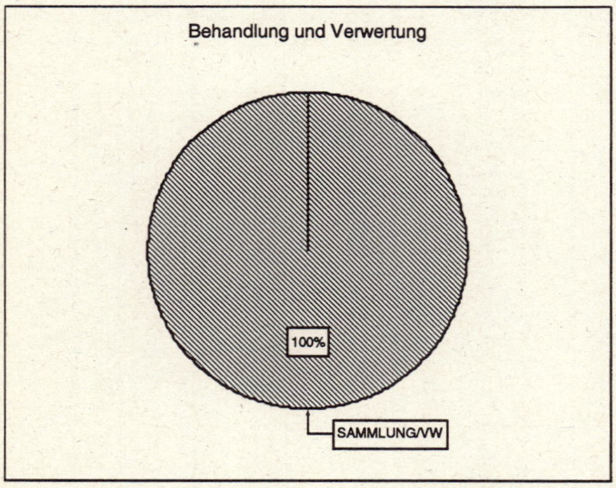

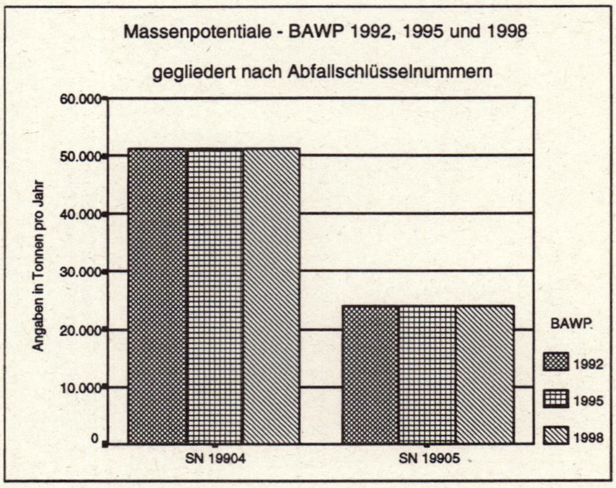

Legende: SAMMLUNG/VW - zum Zwecke der Aufbereitung und Verwertung gesammelte Abfälle

Abfälle mineralischen Ursprungs (ohne Metallabfälle)

Lfd.Nr.	SN	ABFALLBEZEICHNUNGEN DER ÖNORM S 2100 (1990)	BAWP 1998
1	311	OFENAUSBRÜCHE, HÜTTEN- UND GIESSEREISCHUTT	46.595
2	312	METALLURGISCHE SCHLACKEN, KRÄTZEN, STÄUBE	2.235.334
3	313	ASCHEN, SCHLACKEN UND STÄUBE AUS DER THERMISCHEN ABFALLBEHANDLUNG UND AUS FEUERUNGSANLAGEN	861.500
4	314	SONSTIGE FESTE MINERALISCHE ABFÄLLE	26.154.045
5	316	MINERALISCHE SCHLÄMME	554.906
		Summe (Angaben in Tonnen)	29.852.380

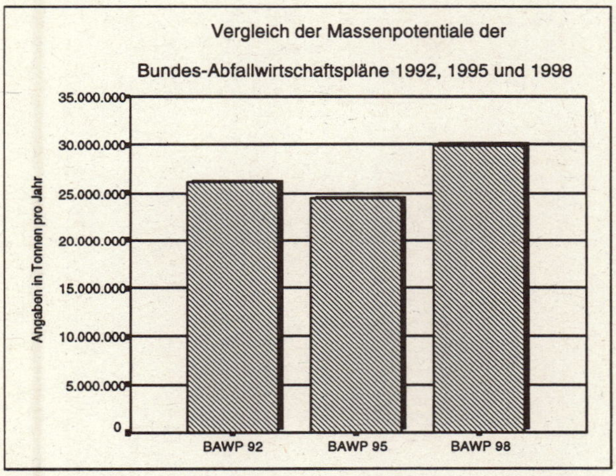

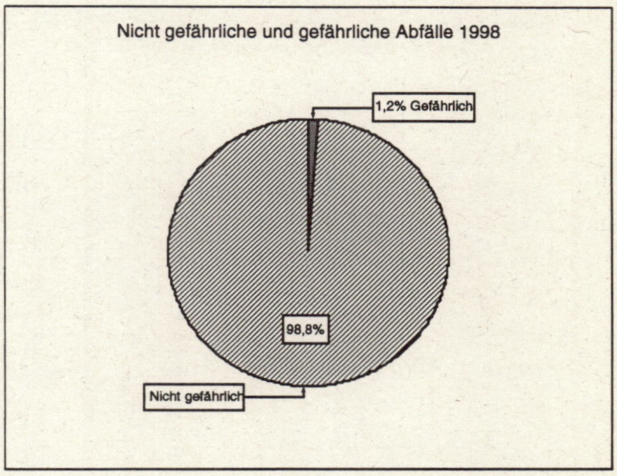

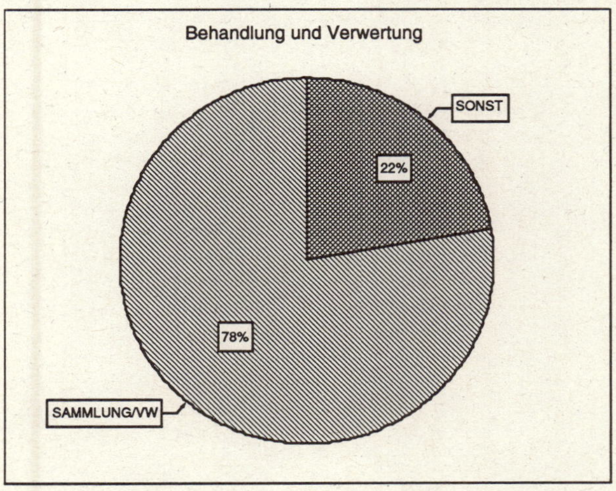

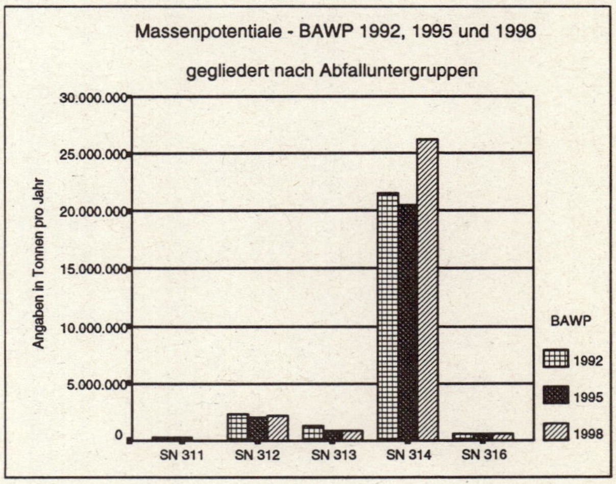

Legende: *SONST - Sonstige Behandlung*
SAMMLUNG/VW - zum Zwecke der Aufbereitung und Verwertung gesammelte Abfälle

Anmerkung: In SAMMLUNG/VW ist der energetische Verwertungsanteil enthalten.

Metallabfälle

35

Lfd.Nr.	SN	ABFALLBEZEICHNUNGEN DER ÖNORM S 2100	BAWP 1998
1	351	EISEN- UND STAHLABFÄLLE	1.602.705
2	353	NE-METALLABFÄLLE	119.817
3	355	METALLSCHLÄMME	11.061
		Summe (Angaben in Tonnen)	1.733.583

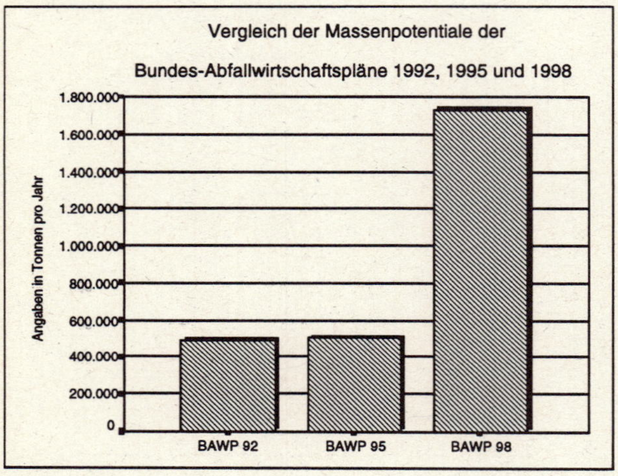

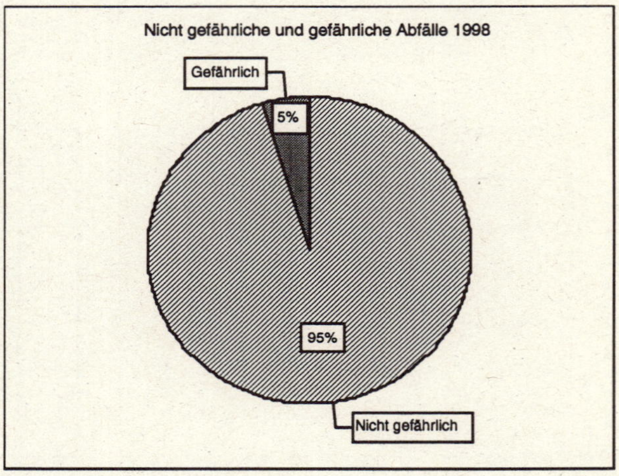

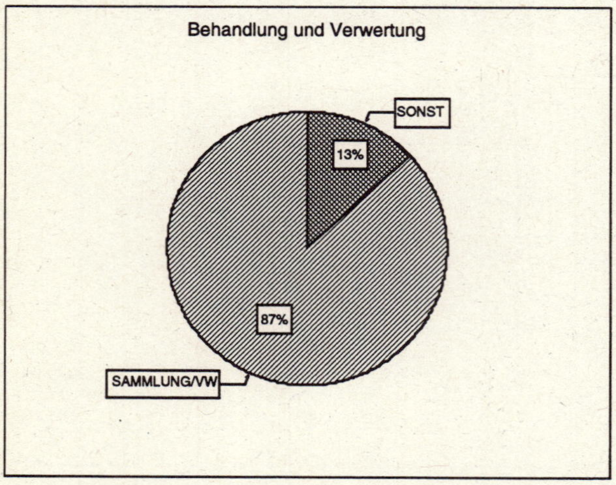

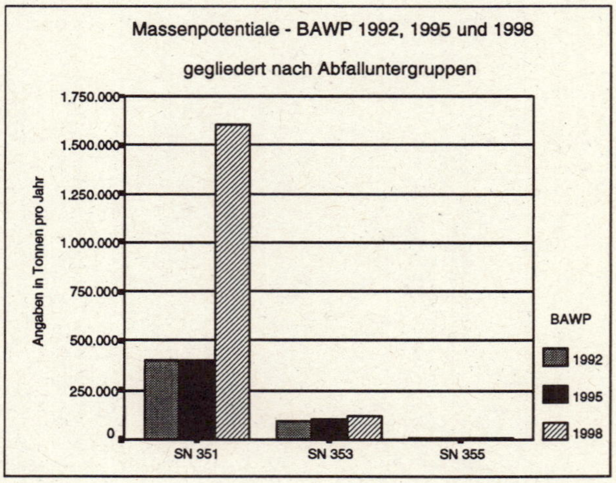

Legende: *SONST - Sonstige Behandlung*
SAMMLUNG/VW - zum Zwecke der Aufbereitung und Verwertung gesammelte Abfälle

Anmerkung: In SAMMLUNG/VW ist der energetische Verwertungsanteil enthalten.

Umweltbundesamt

Andere Abfälle mineralischen Ursprungs sowie Abfälle von Veredelungsprodukten

39

Lfd.Nr.	SN	ABFALLBEZEICHNUNGEN DER ÖNORM S 2100 (1990)	BAWP 1998
1	399	ANDERE ABFÄLLE MINERALISCHEN URSPRUNGS SOWIE ABFÄLLE VON VEREDELUNGSPRODUKTEN	10.000
2	39903	Steinsalzrückstände	1
3	39904	Gasreinigungsmassen	in SN 399
4	39905	Feuerlöschpulverreste	in SN 399
5	39907	Rückstände mit Elementarschwefel	in SN 399
6	39908	Gemengereste (Glasherstellung)	in SN 399
7	39909	sonstige feste Abfälle mineralischen Ursprungs m. produktionsspezifischen oder anwendungsspezifischen schädlichen Beimengungen	1
		Summe (Angaben in Tonnen)	10.002

Hinweis: Der geringe Anteil der gefährlichen Abfälle in dieser Abfallgruppe ist grafisch nicht darstellbar!

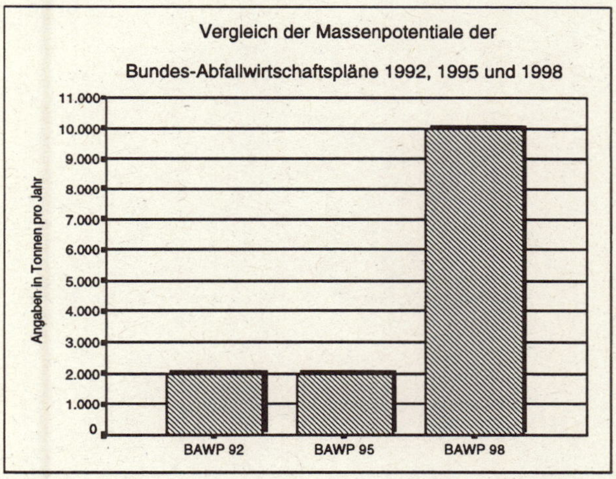

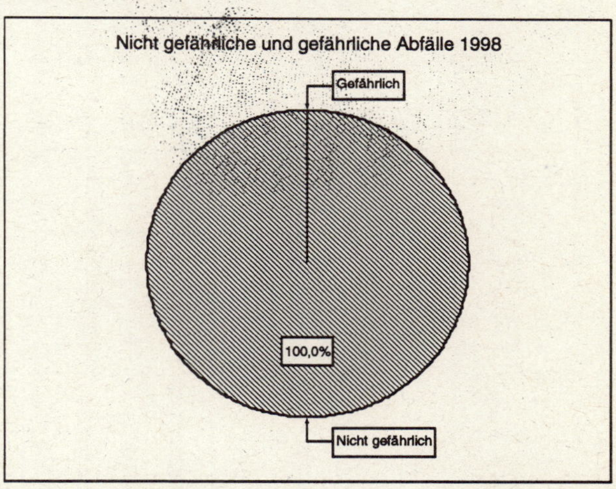

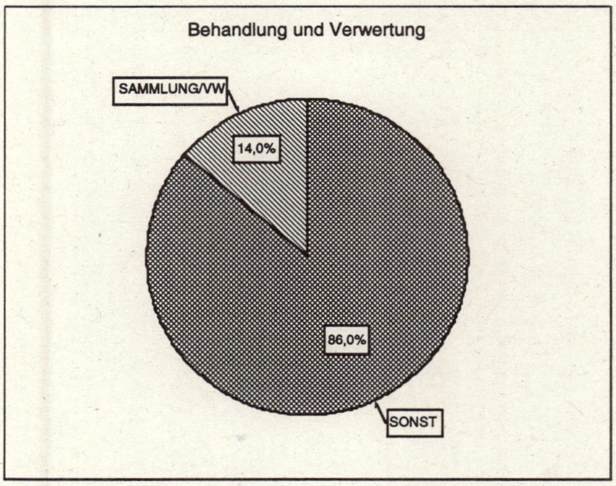

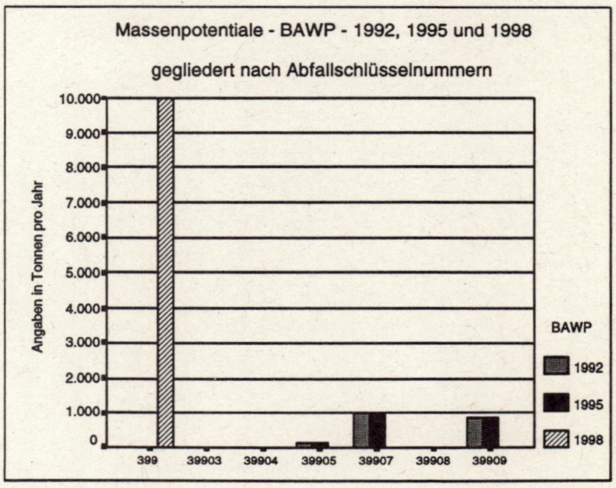

Legende: *SONST - Sonstige Behandlung*
SAMMLUNG/VW - zum Zwecke der Aufbereitung und Verwertung gesammelte Abfälle

Oxide, Hydroxide, Salzabfälle

51

Lfd.Nr.	SN	ABFALLBEZEICHNUNGEN DER ÖNORM S 2100	BAWP 1998
1	511	GALVANIKSCHLÄMME	15.000
2	513	SONSTIGE OXIDE UND HYDROXIDE	22.223
3	515	SALZABFÄLLE	35.432
		Summe (Angaben in Tonnen)	72.655

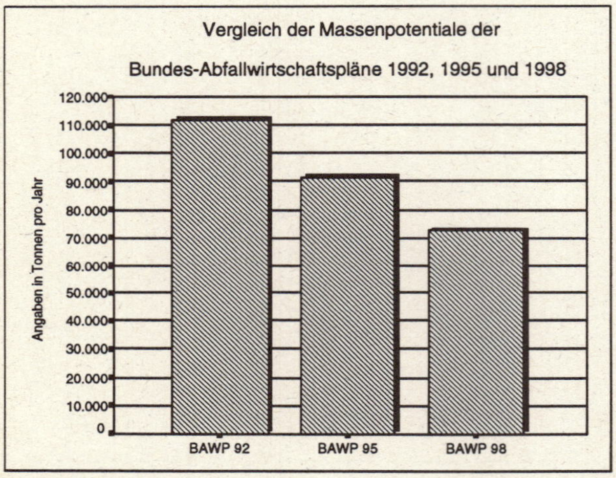

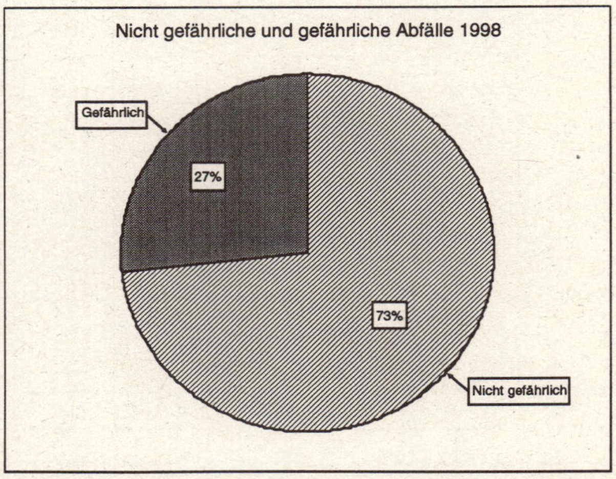

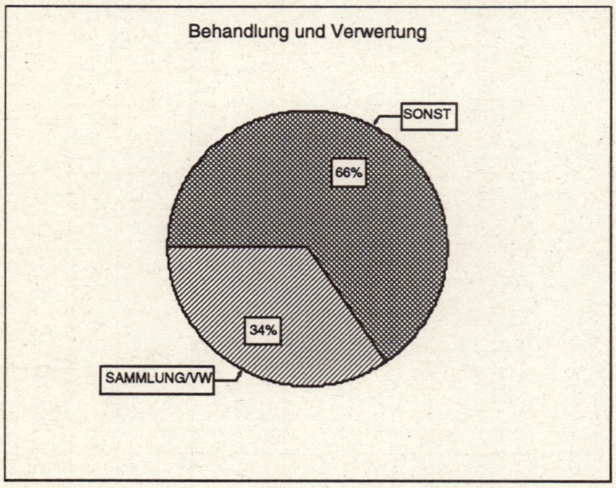

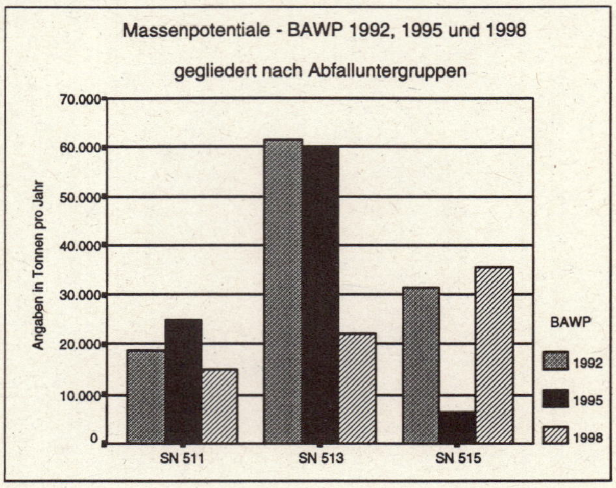

Legende: SONST - Sonstige Behandlung
SAMMLUNG/VW - zum Zwecke der Aufbereitung und Verwertung gesammelte Abfälle

Abfälle von Säuren, Laugen und Konzentraten

52

Lfd.Nr.	SN	ABFALLBEZEICHNUNGEN DER ÖNORM S 2100 (1990)	BAWP 1998
1	521	SÄUREN, ANORGANISCH	5.700
2	522	SÄUREN, ORGANISCH	155
3	524	LAUGEN	7.600
4	527	KONZENTRATE	13.574
		Summe (Angaben in Tonnen)	27.029

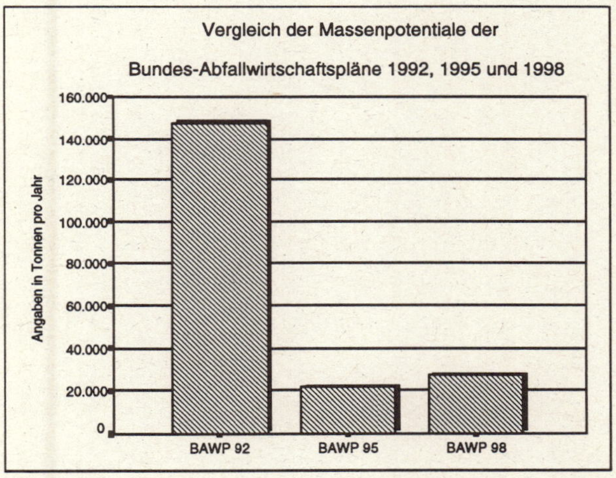

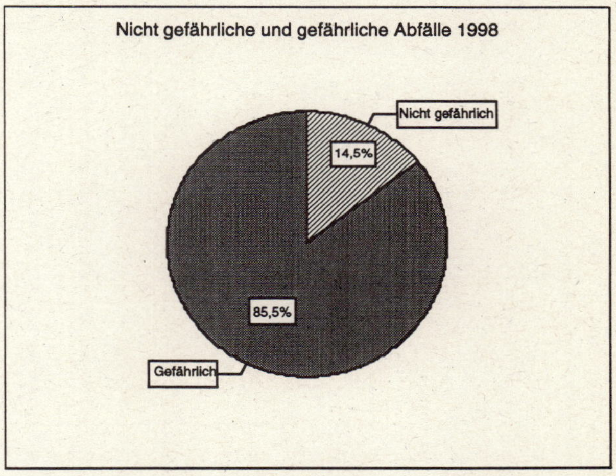

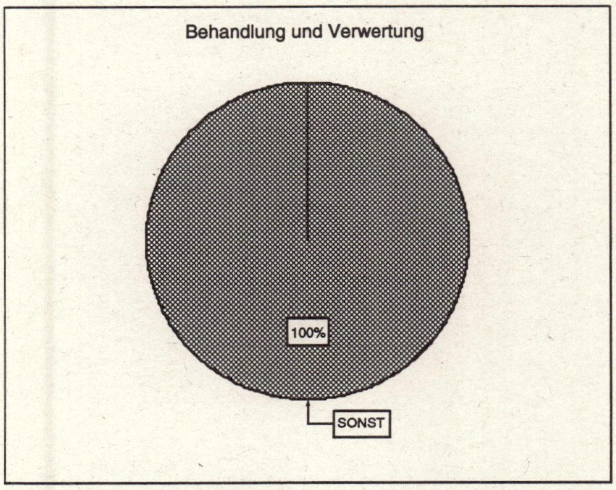

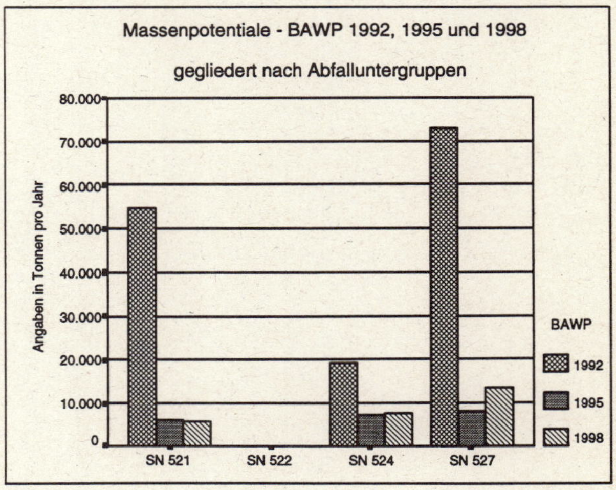

Legende: SONST - Sonstige Behandlung

Abfälle von Pflanzenbehandlungs- und Schädlingsbekämpfungsmitteln sowie von pharmazeutischen Erzeugnissen und Desinfektionsmitteln

53

Lfd.Nr.	SN	ABFALLBEZEICHNUNGEN DER ÖNORM S 2100 (1990)	BAWP 1998
1	531	ABFÄLLE VON PFLANZENBEHANDLUNGS- UND SCHÄDLINGSBEKÄMPFUNGSMITTELN	570
2	533	ABFÄLLE VON KÖRPERPFLEGEMITTELN	35
3	535	ABFÄLLE VON ARZNEIMITTELERZEUGNISSEN	1.465
		Summe (Angaben in Tonnen)	2.070

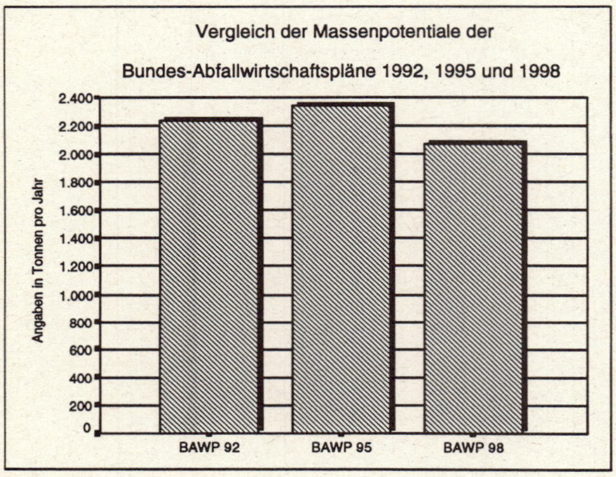

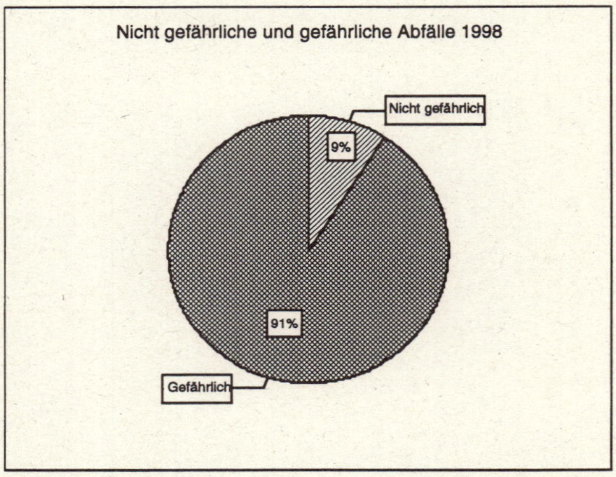

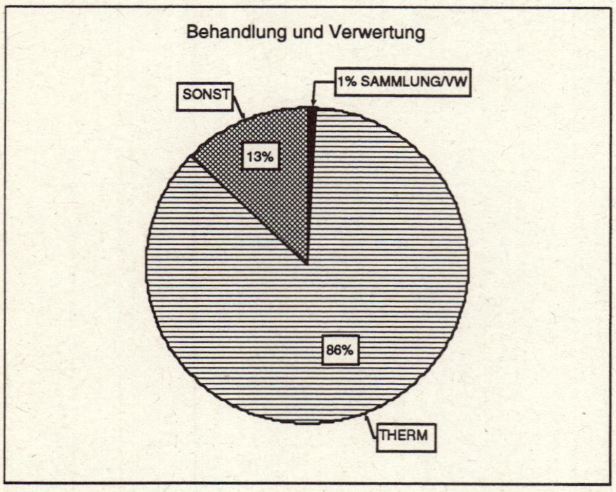

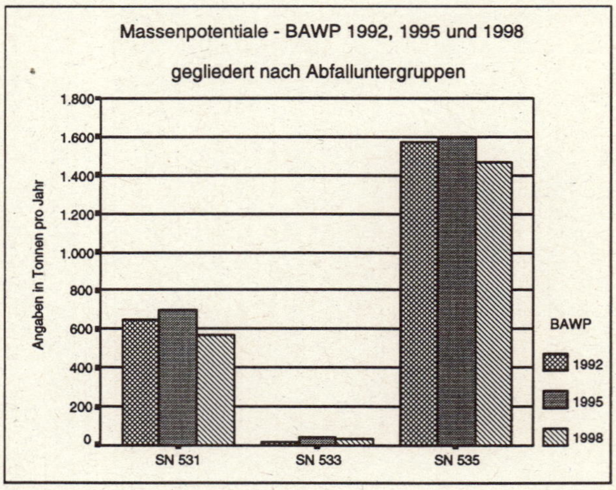

Legende: *THERM - Thermische Behandlung und energetische Verwertung*
SAMMLUNG/VW - zum Zwecke der Aufbereitung und Verwertung gesammelte Abfälle
SONST - Sonstige Behandlung

Umweltbundesamt

Abfälle von Mineralöl- und Veredelungsprodukten

Lfd.Nr.	SN	ABFALLBEZEICHNUNGEN DER ÖNORM S 2100 (1990)	BAWP 1998
1	541	ABFÄLLE VON MINERALÖLEN UND SYNTHETISCHEN ÖLEN	47.490
2	542	ABFÄLLE VON FETTEN UND WACHSEN AUS MINERALÖL	832
3	544	ABFÄLLE VON EMULSIONEN UND GEMISCHEN VON MINERALÖLPRODUKTEN	41.690
4	545	RÜCKSTÄNDE AUS DER ERDÖLFÖRDERUNG	17.276
5	547	MINERALÖLSCHLÄMME	46.012
6	548	RÜCKSTÄNDE AUS MINERALÖLRAFFINERIEN	412
7	549	SONSTIGE ABFÄLLE VON MINERALÖLPRODUKTEN UND AUS DER ERDÖLVERARBEITUNG UND KOHLEVEREDELUNG	28.218
		Summe (Angaben in Tonnen)	181.930

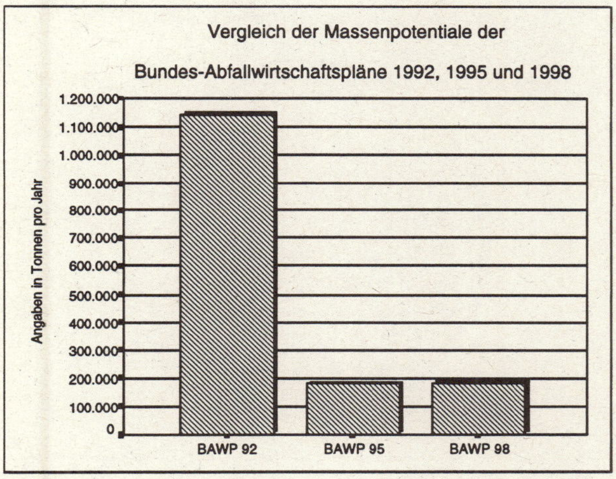

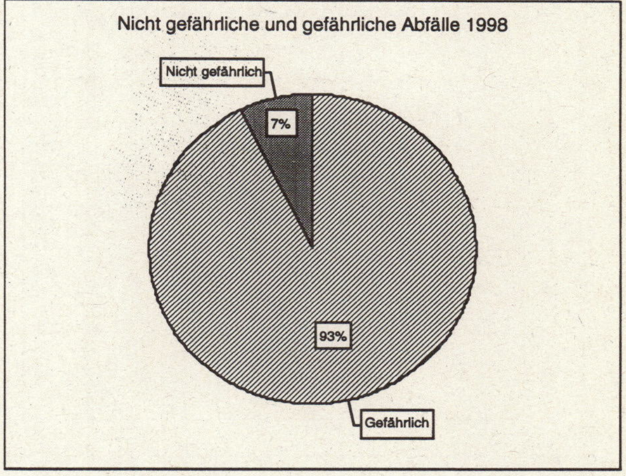

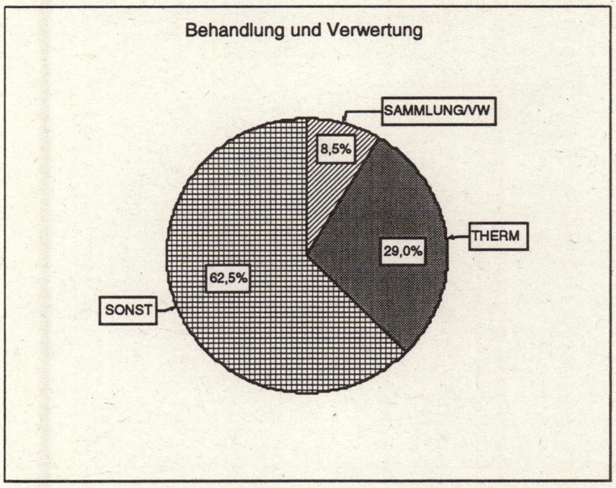

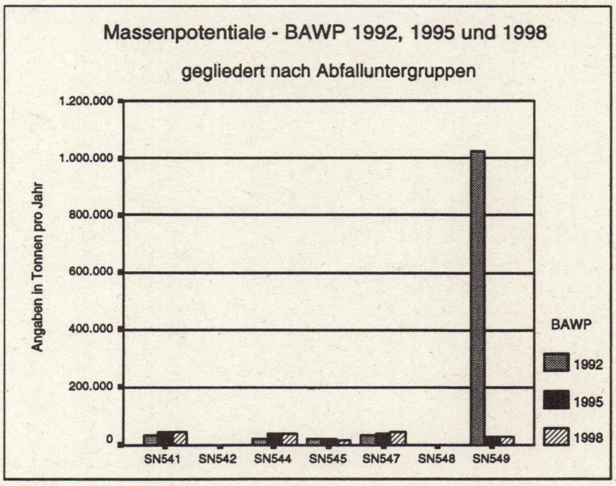

Legende: *THERM - Thermische Behandlung und energetische Verwertung*
SONST - Sonstige Behandlung
SAMMLUNG/VW - zum Zwecke Aufbereitung und Verwertung gesammelte Abfälle

Abfälle von organischen Lösemitteln, Farben, Lacken, Klebstoffen, Kitten und Harzen

55

Lfd.Nr.	SN	ABFALLBEZEICHNUNGEN DER ÖNORM S 2100 (1990)	BAWP 1998
1	552	ABFÄLLE VON HALOGENHALTIGEN ORGANISCHEN LÖSEMITTELN UND LÖSEMITTELGEMISCHEN UND ANDEREN HALOGENIERTEN FLÜSSIGKEITEN (PCB-frei, PCT-frei)	9.393
2	553	ABFÄLLE VON HALOGENFREIEN ORGANISCHEN LÖSEMITTELN UND LÖSEMITTELGEMISCHEN	11.124
3	554	LÖSEMITTELHALTIGE SCHLÄMME; BETRIEBSMITTEL, WÄSSRIGE GEMISCHE	1.715
4	555	ABFÄLLE VON FARBMITTELN UND ANSTRICHMITTELN	32.020
5	559	ABFÄLLE VON KLEBSTOFFEN, KITTEN, NICHT AUSGEHÄRTETEN HARZEN	2.160
		Summe (Angaben in Tonnen)	56.412

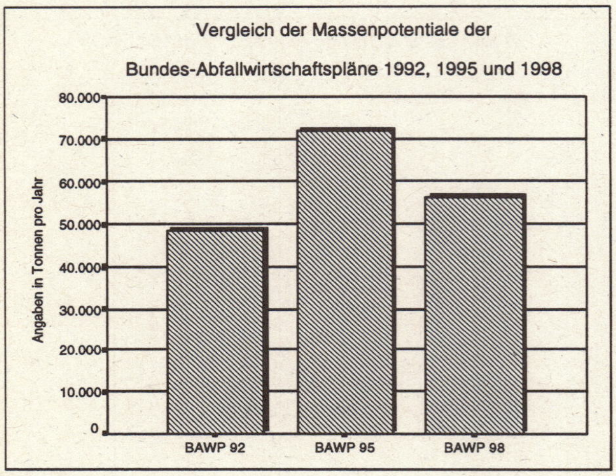

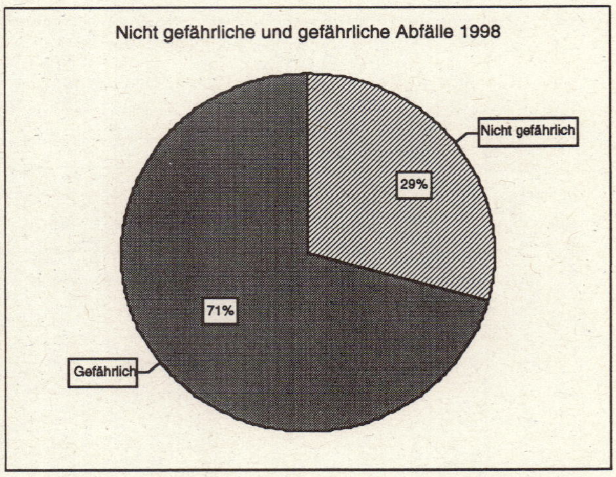

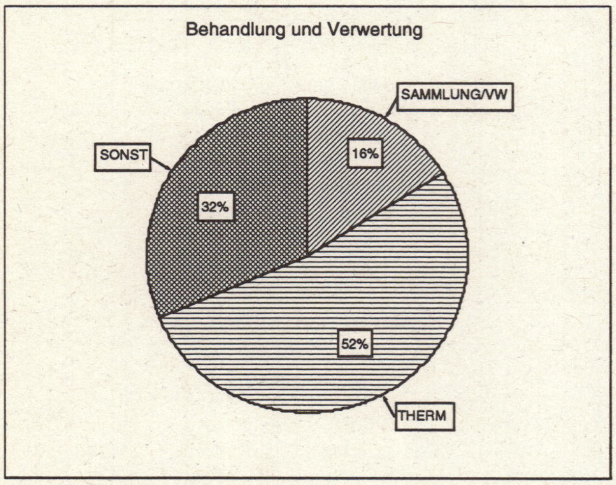

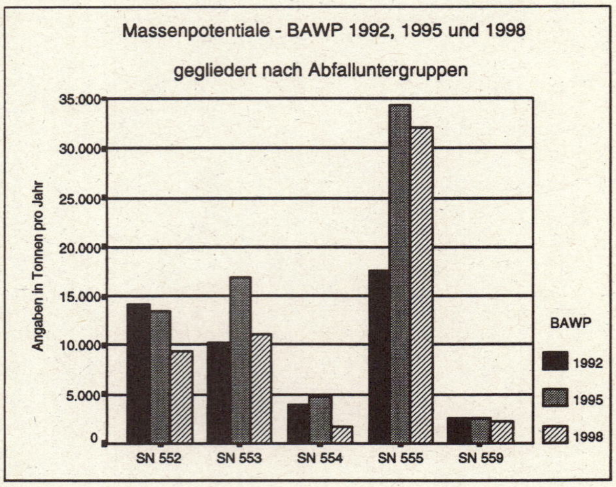

Legende: *THERM - Thermische Behandlung und energetische Verwertung*
SONST - Sonstige Behandlung
SAMMLUNG/VW - zum Zwecke der Aufbereitung und Verwertung gesammelte Abfälle

Umweltbundesamt

Kunststoff- und Gummiabfälle

Lfd.Nr.	SN	ABFALLBEZEICHNUNGEN DER ÖNORM S 2100 (1990)	BAWP 1998
1	571	AUSGEHÄRTETE KUNSTSTOFFABFÄLLE	415.535
2	572	ABFÄLLE VON NICHT AUSGEHÄRTETEN KUNSTSTOFFABFÄLLEN, KUNSTSTOFFORMMASSEN UND -KOMPONENTEN	24.640
3	573	KUNSTSTOFFSCHLÄMME UND -EMULSIONEN	16.560
4	575	FESTE GUMMIABFÄLLE (EINSCHLIESSLICH ALTREIFEN)	57.264
5	577	GUMMISCHLÄMME UND -EMULSIONEN	80.275
6	578	SHREDDERRÜCKSTÄNDE	60.000
		Summe (Angaben in Tonnen)	654.274

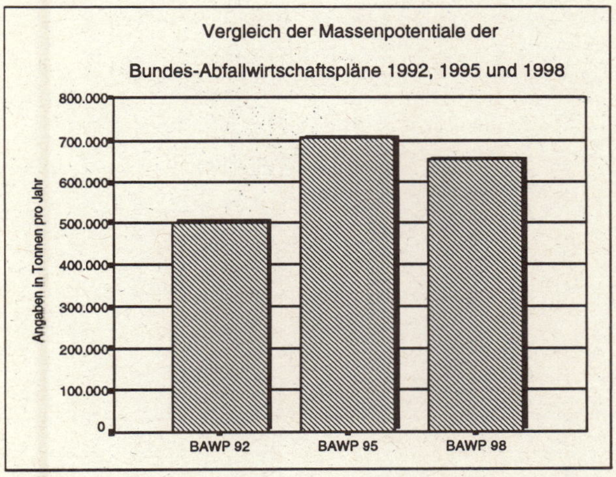

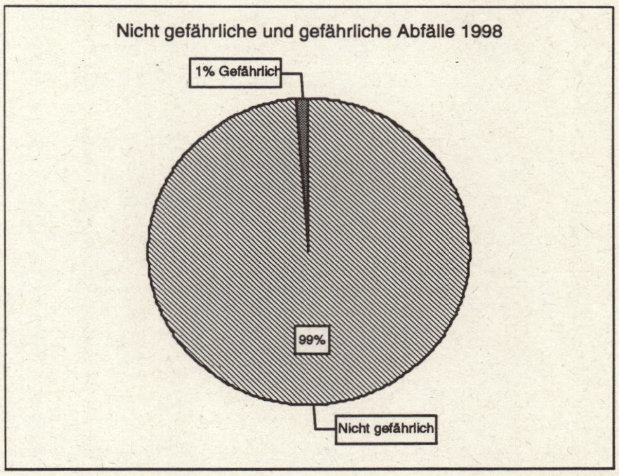

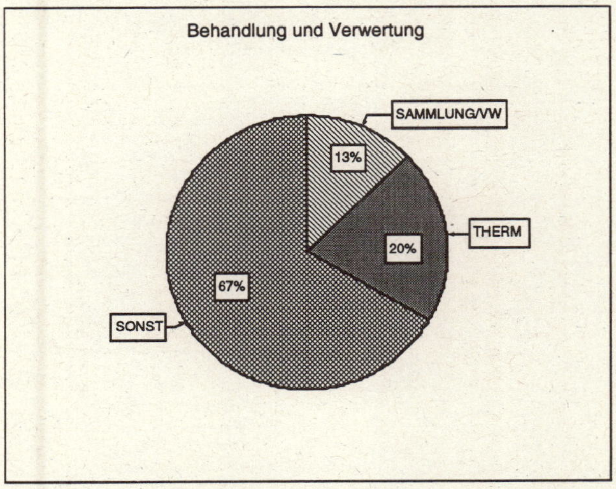

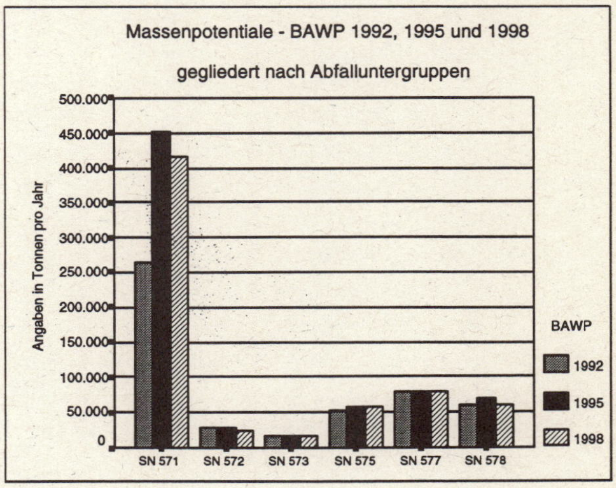

Legende: *THERM - Thermische Behandlung und energetische Verwertung*
SONST - Sonstige Behandlung
SAMMLUNG/VW - zum Zwecke der Aufbereitung und Verwertung gesammelte Abfälle

Textilabfälle (Natur- und Chemiefaserprodukte)

Lfd.Nr.	SN	ABFALLBEZEICHNUNGEN DER ÖNORM S 2100 (1990)	BAWP 1998
1	581	TEXTILABFÄLLE UND SCHLÄMME	40.520
2	582	TEXTILIEN, VERUNREINIGT	377
		Summe (Angaben in Tonnen)	40.897

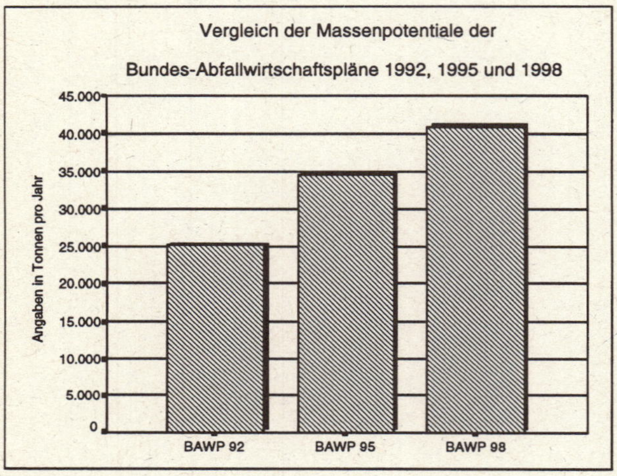

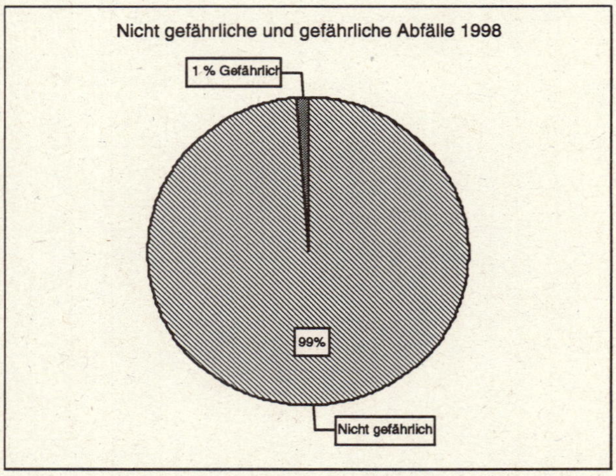

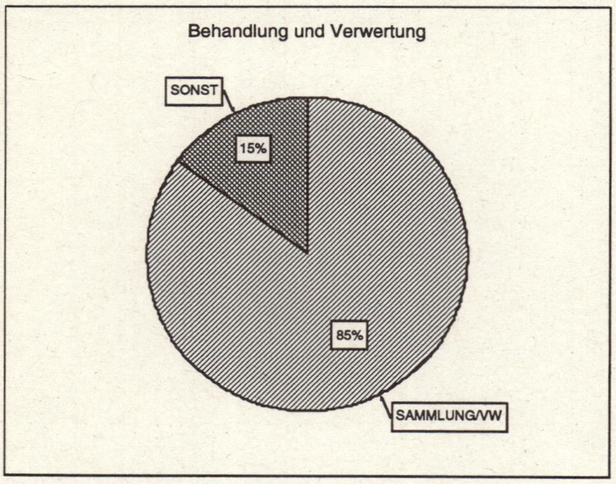

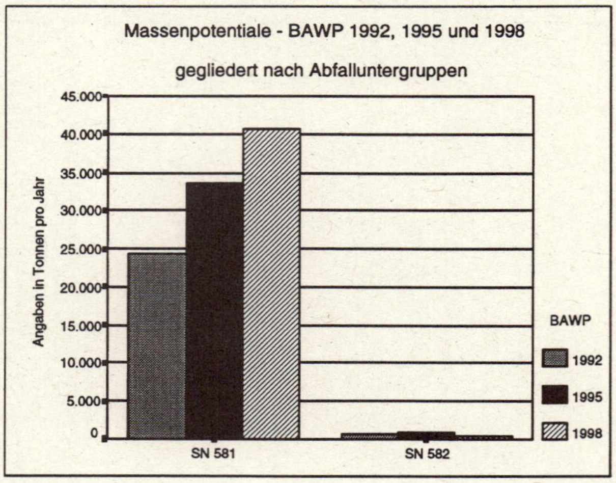

Legende: SAMMLUNG/VW - zum Zwecke der Aufbereitung und Verwertung gesammelte Abfälle
SONST - Sonstige Behandlung

Anmerkung: In SAMMLUNG/VW ist der energetische Verwertungsanteil enthalten.

Andere Abfälle chemischer Umwandlungsprodukte und Syntheseprodukte

59

Lfd.Nr.	SN	ABFALLBEZEICHNUNGEN DER ÖNORM S 2100 (1990)	BAWP 1998
1	591	ABFÄLLE VON EXPLOSIVSTOFFEN	3
2	593	LABORABFÄLLE UND CHEMIKALIENRESTE	2.500
3	594	DETERGENTIEN- UND WASCHMITTELABFÄLLE	707
4	595	KATALYSATOREN	200
5	598	ABFÄLLE VON GEFASSTEN GASEN	421
6	599	SONSTIGE ABFÄLLE AUS UMWANDLUNGSPROZESSEN UND SYNTHESEPROZESSEN	13.016
		Summe (Angaben in Tonnen)	16.847

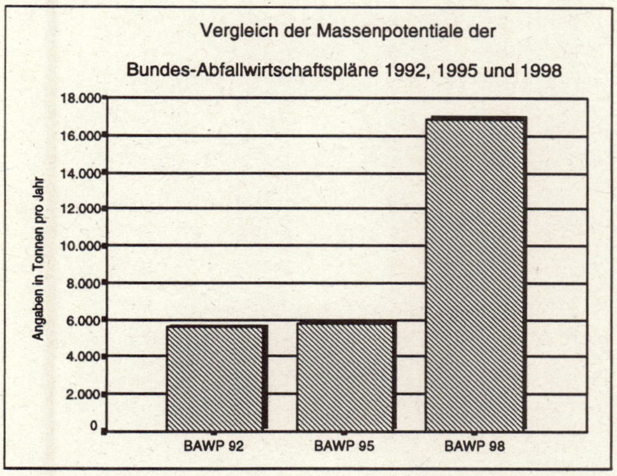

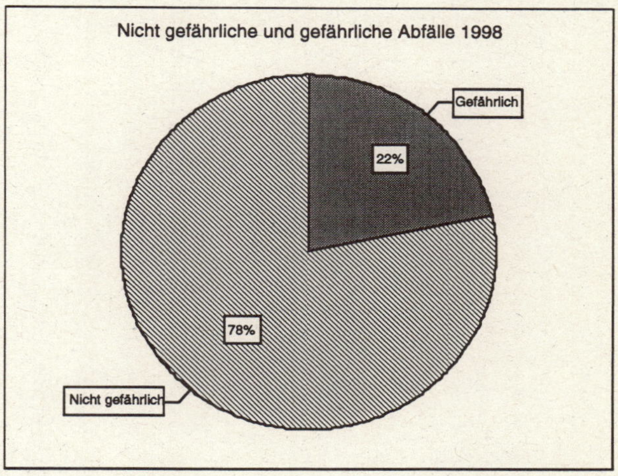

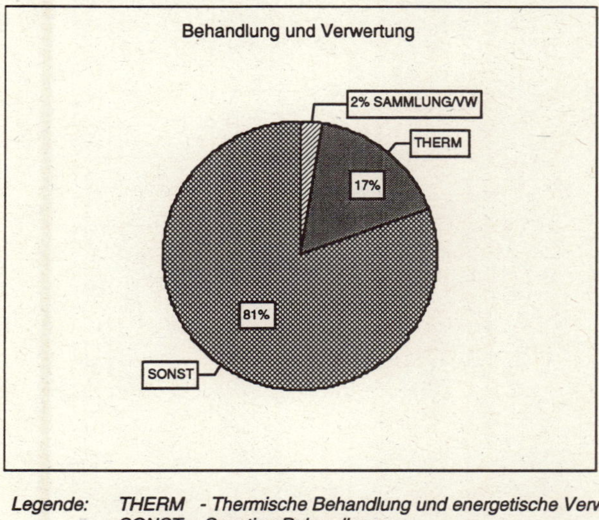

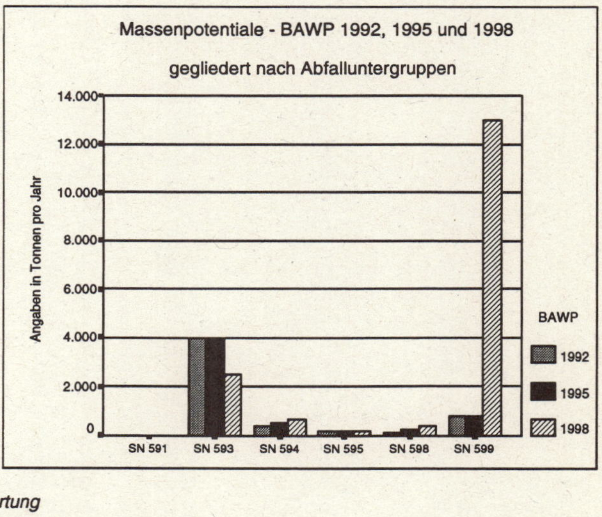

Legende: *THERM - Thermische Behandlung und energetische Verwertung*
SONST - Sonstige Behandlung
SAMMLUNG/VW - zum Zwecke der Aufbereitung und Verwertung gesammelte Abfälle

Feste Siedlungsabfälle einschließlich ähnlicher Gewerbeabfälle

Lfd.Nr.	SN	ABFALLBEZEICHNUNGEN DER ÖNORM S 2100 (1990)	BAWP 1998
1	911	HAUSMÜLL	1.674.000
2	912	HAUSMÜLLÄHNLICHE GEWERBEABFÄLLE	1.160.000
3	914	SPERRMÜLL	221.000
4	915	STRASSENKEHRICHT	200.000
5	916	MARKTABFÄLLE	14.500
6	917	GRÜNABFÄLLE	1.120.000
		Summe (Angaben in Tonnen)	4.389.500

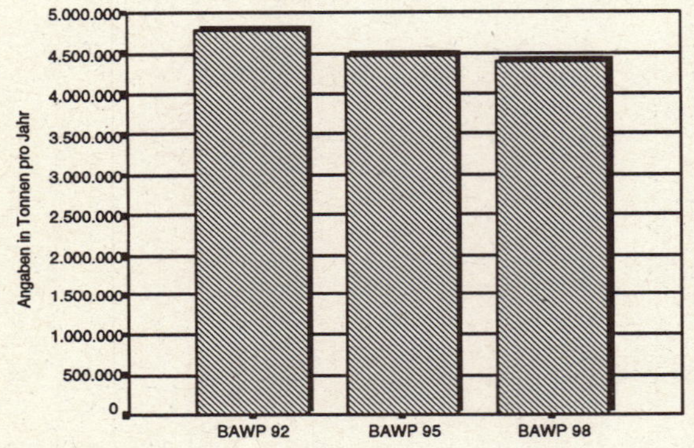

Vergleich der Massenpotentiale der Bundes-Abfallwirtschaftspläne 1992, 1995 und 1998

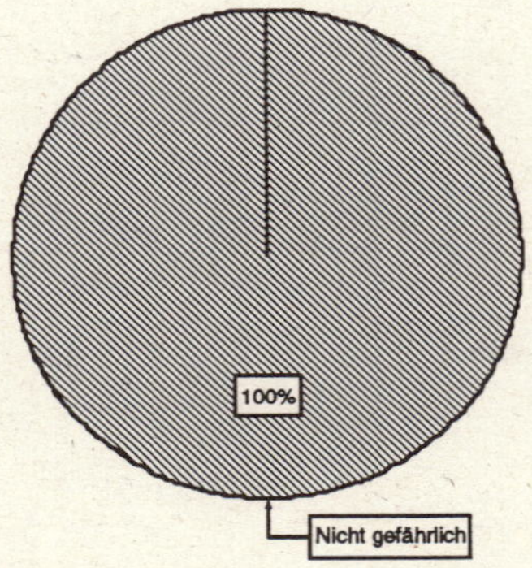

Nicht gefährliche und gefährliche Abfälle 1998

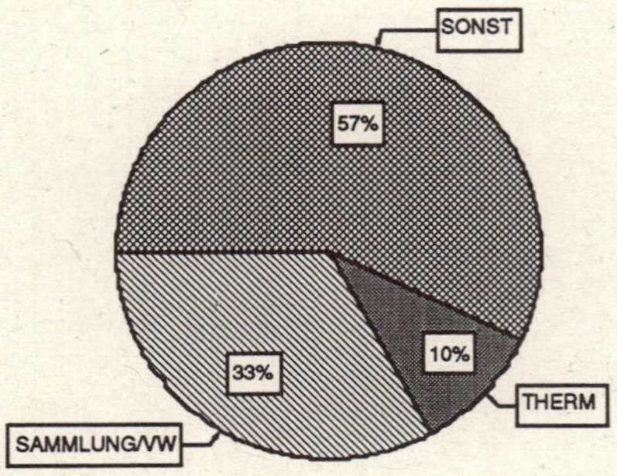

Behandlung und Verwertung

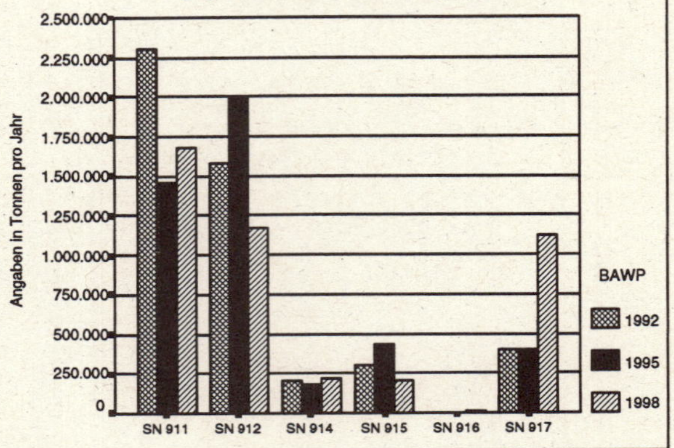

Massenpotentiale - BAWP 1992, 1995 und 1998 gegliedert nach Abfalluntergruppen

Legende: *THERM - Thermische Behandlung und energetische Verwertung*
SONST - Sonstige Behandlung
SAMMLUNG/VW - zum Zwecke der Aufbereitung und Verwertung gesammelte Abfälle

Abfälle aus der Wasseraufbereitung, Abwasserbehandlung und der Gewässernutzung

94

Lfd.Nr.	SN	ABFALLBEZEICHNUNGEN DER ÖNORM S 2100 (1990)	BAWP 1998
1	941	SCHLÄMME AUS DER WASSERAUFBEREITUNG	17.945
2	943	NICHTSTABILISIERTE SCHLÄMME AUS MECHANISCH-BIOLOGISCHER ABWASSERBEHANDLUNG, SOWEIT SIE NICHT IN ANDEREN POSITIONEN ENTHALTEN SIND (ROHSCHLAMM, FRISCHSCHLAMM)	1.000.051
3	945	STABILISIERTE SCHLÄMME AUS MECHANISCH-BIOLOGISCHER ABWASSERBEHANDLUNG, SOWEIT SIE NICHT IN ANDEREN POSITIONEN ENTHALTEN SIND (30% TS)	560.000
4	947	RÜCKSTÄNDE AUS DER KANALISATION UND ABWASSERBEHANDLUNG (AUSGENOMMEN SCHLÄMME)	71.600
5	948	SCHLÄMME AUS DER ABWASSERBEHANDLUNG (30 % TS)	615.000
6	949	ABFÄLLE AUS DER GEWÄSSERNUTZUNG	32.000
		Summe (Angaben in Tonnen)	2.296.596

Hinweis: Der geringe Anteil der gefährlichen Abfälle in dieser Abfallgruppe ist grafisch nicht darstellbar!

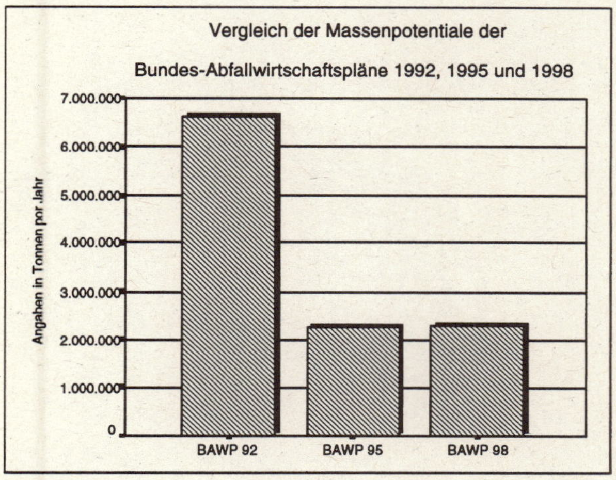

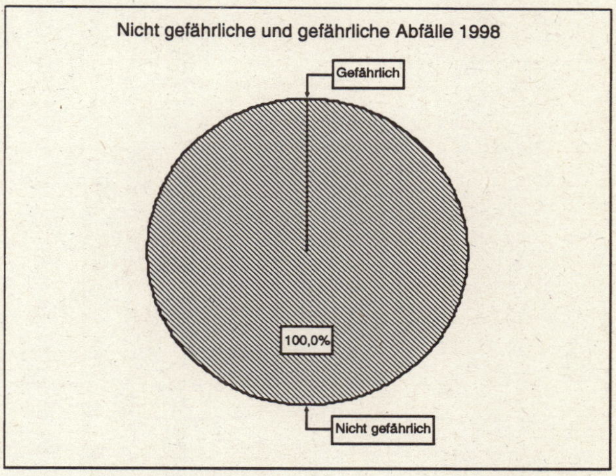

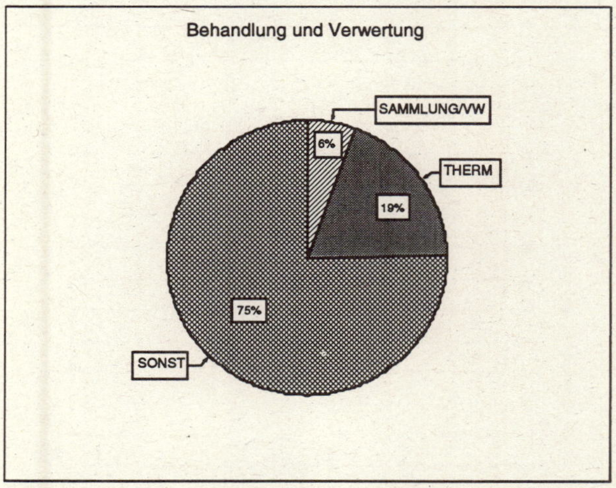

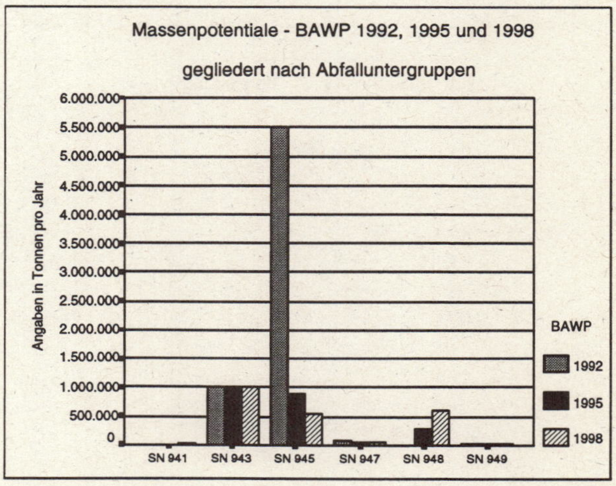

Legende: *THERM - Thermische Behandlung und energetische Verwertung*
SONST - Sonstige Behandlung
SAMMLUNG/VW - zum Zwecke der Aufbereitung und Verwertung gesammelte Abfälle

Flüssige Abfälle aus Abfallbehandlungsanlagen

Lfd.Nr.	SN	ABFALLBEZEICHNUNGEN DER ÖNORM S 2100 (1990)	BAWP 1998
1	951	FÄKALIEN AUS SAMMELGRUBEN	300
2	953	DEPONIESICKERWASSER	1.000
3	954	FLÜSSIGE ABFÄLLE AUS DER THERMISCHEN ABFALLBEHANDLUNG UND AUS FEUERUNGSANLAGEN	140
		Summe (Angaben in Tonnen)	1.440

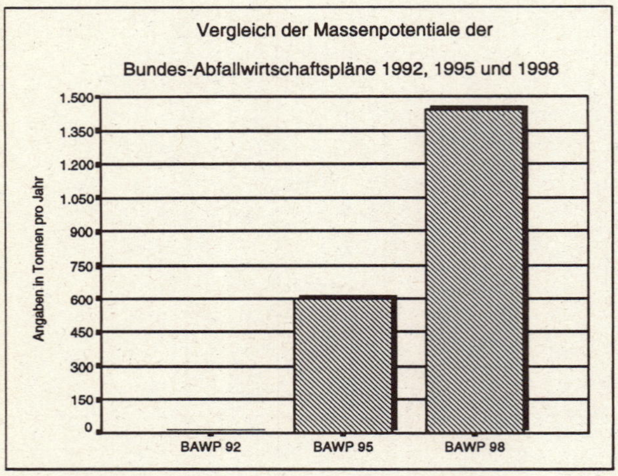

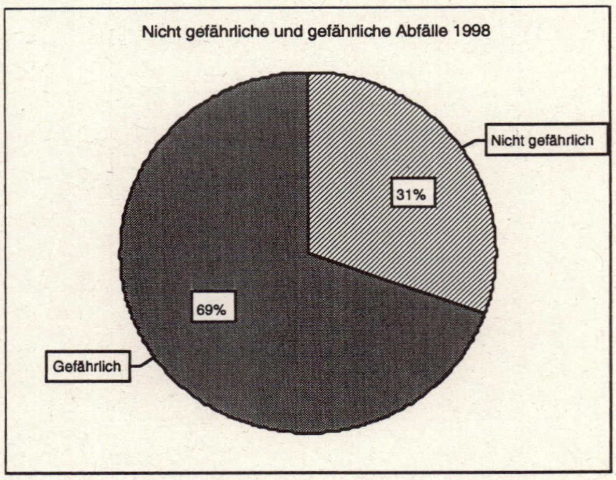

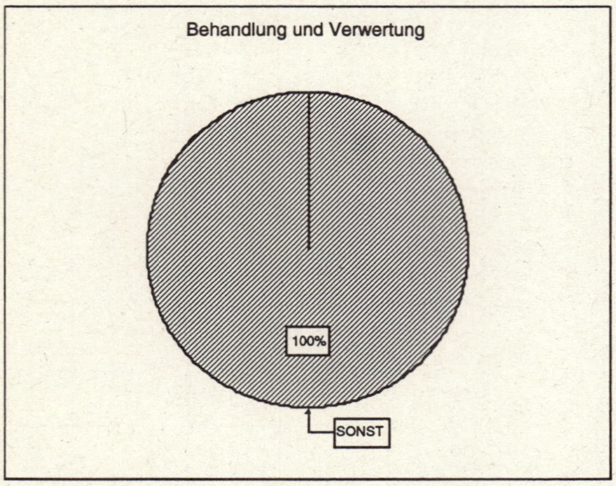

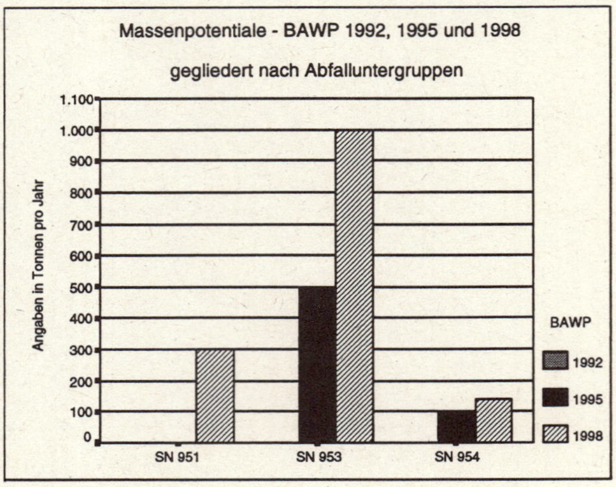

Legende: SONST - Sonstige Behandlung

Abfälle aus dem medizinischen Bereich

Lfd.Nr.	SN	ABFALLBEZEICHNUNGEN DER ÖNORM S 2100 (1990)	BAWP 1998
1	971	ABFÄLLE AUS DEM MEDIZINISCHEN BEREICH	
2	97101	Abfälle, die innerhalb und außerhalb des medizinischen Bereiches eine Gefahr darstellen können, z.B. infektiöser Abfall gemäß ÖNORM S 2104	3.100
3	97102	desinfizierte Abfälle, außer gefährliche Abfälle gemäß ÖNORM S 2101	260
4	97103	Körperteile und Organabfälle	1
5	97104	Abfälle, die nur innerhalb des medizinischen Bereiches eine Infektions- oder Verletzungsgefahr darstellen können, gemäß ÖNORM S 2104	20.000
6	97105	Kanülen und sonstige verletzungsgefährdende spitze oder scharfe Gegenstände, wie Lanzetten, Skalpelle u. dgl., gemäß ÖNORM S 2104	0
		Summe (Angaben in Tonnen)	23.361

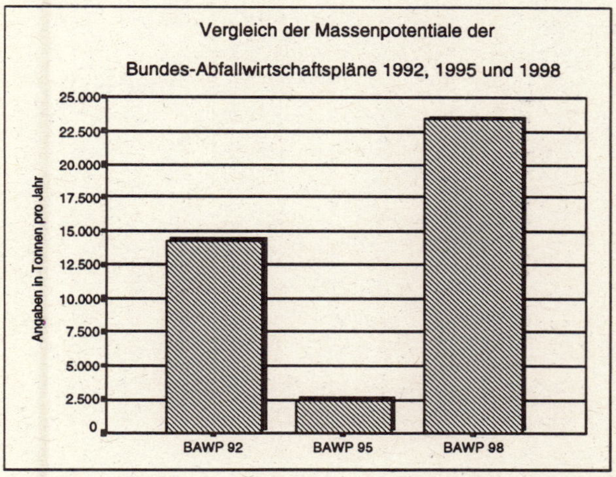

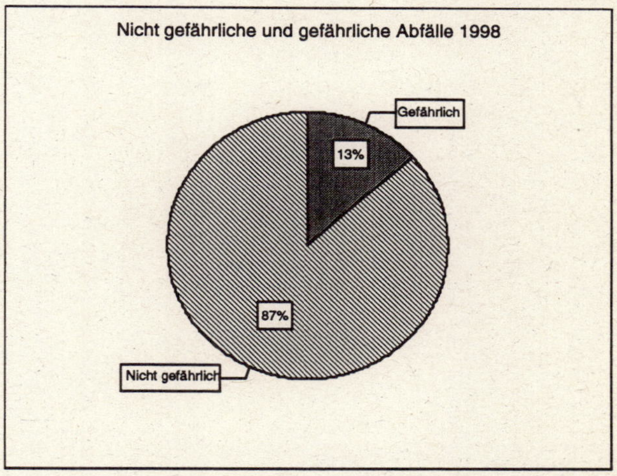

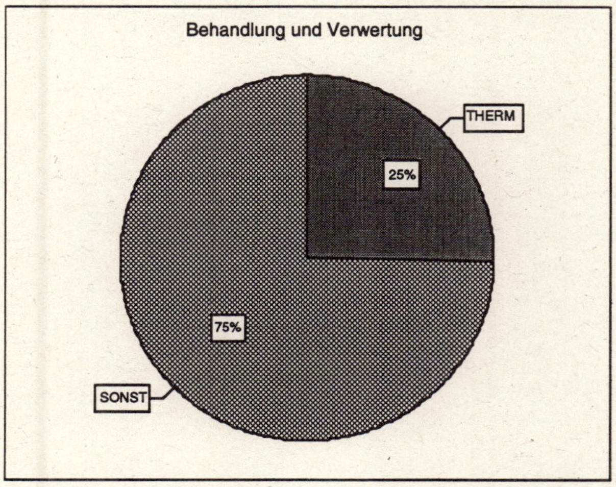

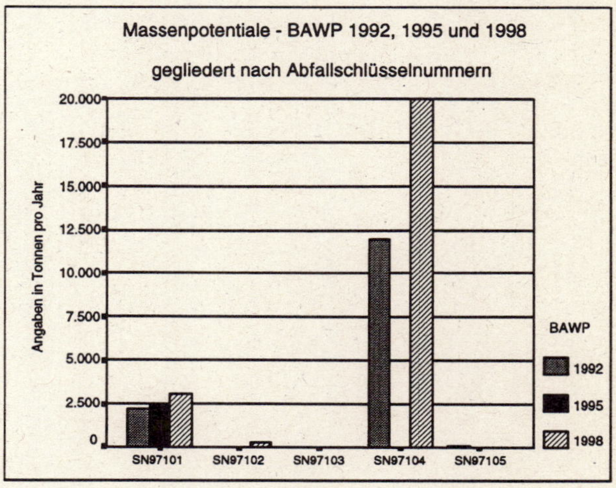

Legende: THERM - Thermische Behandlung und energetische Verwertung
SONST - Sonstige Behandlung

Umweltbundesamt

ANHANG I

ABFALLWIRTSCHAFTLICHE ECKDATEN

Anhang I/1

Massenpotentiale für gefährliche und nicht gefährliche Abfälle 1998

- gegliedert nach Abfalluntergruppen gemäß ÖNORM S 2100 (1990)
- gegliedert nach Abfallschlüsselnummern gemäß ÖNORMEN S 2101 (1983) und S 2100 (1990)

Massenpotentiale - Bundes-Abfallwirtschaftsplan 1998 (Angaben in Tonnen)

Lfd. Nr.	UGR	Abfalluntergruppenbezeichnungen gemäß ÖNORM S 2100 (1990)	Gewerbe und Industrie			Abfälle aus Haushalten und ähnlichen Einrichtungen	Gesamt
				Nicht gefährliche Abfälle			
			Gefährliche Abfälle	Bodenaushub, Baurestmassen, Bau- und Abbruchholz, Baustellenabfälle	Sonstige nicht gefährliche Abfälle		
1	111	ABFÄLLE AUS DER NAHRUNGSMITTELPRODUKTION	,	,	306.215	,	**306.215**
2	114	ABFÄLLE AUS DER GENUSSMITTELPRODUKTION	20	,	231.700	,	**231.720**
3	117	ABFÄLLE AUS DER FUTTERMITTELPRODUKTION	,	,	700	,	**700**
4	121	ABFÄLLE AUS DER PRODUKTION PFLANZLICHER UND TIERISCHER ÖLE	20	,	85.000	,	**85.020**
5	123	ABFÄLLE AUS DER PRODUKTION PFLANZLICHER UND TIERISCHER FETTE UND WACHSE	37.085	,	1.500	,	**38.585**
6	125	EMULSIONEN UND GEMISCHE MIT PFLANZLICHEN UND TIERISCHEN FETTPRODUKTEN	12.020	,	15.000	,	**27.020**
7	126	PRODUKTE AUS PFLANZENÖLEN	10	,	,	,	**10**
8	127	SCHLÄMME AUS DER PRODUKTION PFLANZLICHER UND TIERISCHER FETTE	,	,	31	,	**31**
9	129	RAFFINATIONSRÜCKSTÄNDE AUS DER VERARBEITUNG PFLANZLICHER UND TIERISCHER FETTE	,	,	3.100	,	**3.100**
10	131	SCHLACHTABFÄLLE	,	,	43.000	,	**43.000**
11	134	TIERKÖRPER	,	,	256.000	,	**256.000**
12	137	TIERISCHE FÄKALIEN	3	,	370.000	,	**370.003**
13	141	ABFÄLLE VON HÄUTEN UND FELLEN	,	,	90.000	,	**90.000**
14	144	ABFÄLLE AUS GERBEREIEN (AUSGENOMMEN LEDERCHEMIKALIEN)	,	,	21.005	,	**21.005**
15	147	LEDERABFÄLLE	,	,	16.220	,	**16.220**
16	171	HOLZABFÄLLE AUS DER BE- UND VERARBEITUNG	,	,	3.113.000	,	**3.113.000**
17	172	HOLZABFÄLLE AUS DER ANWENDUNG	3.072	200.000	229.400	,	**432.472**
18	181	ABFÄLLE AUS DER ZELLSTOFFHERSTELLUNG	,	,	66.300	,	**66.300**
19	184	ABFÄLLE AUS DER ZELLULOSEVERARBEITUNG	,	,	105.600	,	**105.600**
20	187	PAPIER- UND PAPPEABFÄLLE	180	,	626.780	439.000	**1.065.960**
21	199	ANDERE ABFÄLLE AUS DER VERARBEITUNG UND VEREDELUNG TIERISCHER UND PFLANZLICHER PRODUKTE	,	,	75.352	,	**75.352**
22	311	OFENAUSBRÜCHE, HÜTTEN- UND GIESSEREISCHUTT	9.005	,	37.590		**46.595**
23	312	METALLURGISCHE SCHLACKEN, KRÄTZEN, STÄUBE	31.431	,	2.203.903	,	**2.235.334**
24	313	ASCHEN, SCHLACKEN UND STÄUBE AUS DER THERMISCHEN ABFALLBEHANDLUNG UND AUS FEUERUNGSANLAGEN	234.000	,	627.500	,	**861.500**
25	314	SONSTIGE FESTE MINERALISCHE ABFÄLLE	81.932	25.303.000	586.113	183.000	**26.154.045**
26	316	MINERALISCHE SCHLÄMME	661	,	554.245	,	**554.906**
27	351	EISEN- UND STAHLABFÄLLE	58.705	,	1.458.000	86.000	**1.602.705**
28	353	NE-METALLABFÄLLE	20.416	,	59.401	40.000	**119.817**
29	355	METALLSCHLÄMME	550	,	10.511	,	**11.061**
30	399	ANDERE ABFÄLLE MINERALISCHEN URSPRUNGS SOWIE ABFÄLLE VON VEREDELUNGSPRODUKTEN	2	,	10.000	,	**10.002**
31	511	GALVANIKSCHLÄMME	15.000	,		,	**15.000**
32	513	SONSTIGE OXIDE UND HYDROXIDE	,	,	22.223	,	**22.223**

Massenpotentiale - Bundes-Abfallwirtschaftsplan 1998 (Angaben in Tonnen)

Lfd. Nr.	UGR	Abfalluntergruppenbezeichnungen gemäß ÖNORM S 2100 (1990)	Gewerbe und Industrie			Abfälle aus Haushalten und ähnlichen Einrichtungen	Gesamt
				Nicht gefährliche Abfälle			
			Gefährliche Abfälle	Bodenaushub, Baurestmassen, Bau- und Abbruchholz, Baustellenabfälle	Sonstige nicht gefährliche Abfälle		
33	515	SALZABFÄLLE	4.329	,	31.103	,	35.432
34	521	SÄUREN, ANORGANISCH	5.700	,	0	,	5.700
35	522	SÄUREN, ORGANISCH	155	,	0	,	155
36	524	LAUGEN	4.500	,	3.100	,	7.600
37	527	KONZENTRATE	12.753	,	821	,	13.574
38	531	ABFÄLLE VON PFLANZENBEHANDLUNGS- UND SCHÄDLINGSBEKÄMPFUNGSMITTELN	570	,	,	,	570
39	533	ABFÄLLE VON KÖRPERPFLEGEMITTELN	15	,	20	,	35
40	535	ABFÄLLE VON ARZNEIMITTELERZEUGNISSEN	1.295	,	170	,	1.465
41	541	ABFÄLLE VON MINERALÖLEN UND SYNTHETISCHEN ÖLEN	47.470	,	20	,	47.490
42	542	ABFÄLLE VON FETTEN UND WACHSEN AUS MINERALÖL	830	,	2	,	832
43	544	ABFÄLLE VON EMULSIONEN UND GEMISCHEN VON MINERALÖLPRODUKTEN	41.450	,	240	,	41.690
44	545	RÜCKSTÄNDE AUS DER ERDÖLFÖRDERUNG	7.076	,	10.200	,	17.276
45	547	MINERALÖLSCHLÄMME	45.910	,	102	,	46.012
46	548	RÜCKSTÄNDE AUS MINERALÖLRAFFINERIEN	262	,	150	,	412
47	549	SONSTIGE ABFÄLLE VON MINERALÖLPRODUKTEN UND AUS DER ERDÖLVERARBEITUNG UND KOHLEVEREDELUNG	25.831	,	2.387	,	28.218
48	552	ABFÄLLE VON HALOGENHALTIGEN ORGANISCHEN LÖSEMITTELN UND LÖSEMITTELGEMISCHEN UND ANDEREN HALOGENIERTEN FLÜSSIGKEITEN (PCB-frei, PCT-frei)	9.393	,	0	,	9.393
49	553	ABFÄLLE VON HALOGENFREIEN ORGANISCHEN LÖSEMITTELN UND LÖSEMITTELGEMISCHEN	11.124	,		,	11.124
50	554	LÖSEMITTELHALTIGE SCHLÄMME; BETRIEBSMITTEL UND WÄSSRIGE GEMISCHE	1.715	,		,	1.715
51	555	ABFÄLLE VON FARBMITTELN UND ANSTRICHMITTELN	16.520	,	15.500	,	32.020
52	559	ABFÄLLE VON KLEBSTOFFEN, KITTEN, NICHTAUSGEHÄRTETEN HARZEN	1.250	,	910	,	2.160
53	571	AUSGEHÄRTETE KUNSTSTOFFABFÄLLE	5.535	,	320.000	90.000	415.535
54	572	ABFÄLLE VON NICHT AUSGEHÄRTETEN KUNSTSTOFFABFÄLLEN, -FORMMASSEN UND -KOMPONENTEN	340	,	24.300	,	24.640
55	573	KUNSTSTOFFSCHLÄMME UND -EMULSIONEN	270	,	16.290	,	16.560
56	575	FESTE GUMMIABFÄLLE (EINSCHLIESSLICH ALTREIFEN)	,	,	57.264	,	57.264
57	577	GUMMISCHLÄMME UND -EMULSIONEN	1	,	80.274	,	80.275
58	578	SHREDDERRÜCKSTÄNDE	,	,	60.000	,	60.000
59	581	TEXTILABFÄLLE UND SCHLÄMME	50	,	22.470	18.000	40.520
60	582	TEXTILIEN, VERUNREINIGT	362	,	15	,	377
61	591	ABFÄLLE VON EXPLOSIVSTOFFEN	3	,		,	3
62	593	LABORABFÄLLE UND CHEMIKALIENRESTE	2.500	,		,	2.500

Massenpotentiale - Bundes-Abfallwirtschaftsplan 1998 (Angaben in Tonnen)

Lfd. Nr.	UGR	Abfalluntergruppenbezeichnungen gemäß ÖNORM S 2100 (1990)	Gewerbe und Industrie			Abfälle aus Haushalten und ähnlichen Einrichtungen	Gesamt
				Nicht gefährliche Abfälle			
			Gefährliche Abfälle	Bodenaushub, Baurestmassen, Bau- und Abbruchholz, Baustellenabfälle	Sonstige nicht gefährliche Abfälle		
63	594	DETERGENTIEN- UND WASCHMITTELABFÄLLE	520	,	187	,	**707**
64	595	KATALYSATOREN	200	,	,	,	**200**
65	598	ABFÄLLE VON GEFASSTEN GASEN	400	,	21	,	**421**
66	599	SONSTIGE ABFÄLLE AUS UMWANDLUNGSPROZESSEN UND SYNTHESEPROZESSEN	16	,	13.000	,	**13.016**
67	911	HAUSMÜLL	,	,	,	1.674.000	**1.674.000**
68	912	HAUSMÜLLÄHNLICHE GEWERBEABFÄLLE	,	1.100.000	60.000	,	**1.160.000**
69	914	SPERRMÜLL	,	,	,	221.000	**221.000**
70	915	STRASSENKEHRICHT	,	,	200.000	,	**200.000**
71	916	MARKTABFÄLLE	,	,	14.500	,	**14.500**
72	917	GRÜNABFÄLLE	,	,	1.120.000	,	**1.120.000**
73	941	SCHLÄMME AUS DER WASSERAUFBEREITUNG	,	,	17.945	,	**17.945**
74	943	NICHTSTABILISIERTE SCHLÄMME AUS MECHANISCH-BIOLOGISCHER ABWASSERBEHANDLUNG, SOWEIT SIE NICHT IN ANDEREN POSITIONEN ENTHALTEN SIND (ROHSCHLAMM, FRISCHSCHLAMM)	,	,	1.000.051	,	**1.000.051**
75	945	STABILISIERTE SCHLÄMME AUS MECHANISCH-BIOLOGISCHER ABWASSERBEHANDLUNG, SOWEIT SIE NICHT IN ANDEREN POSITIONEN ENTHALTEN SIND	,	,	560.000	,	**560.000**
76	947	RÜCKSTÄNDE AUS DER KANALISATION UND ABWASSERBEHANDLUNG (AUSGENOMMEN SCHLÄMME)	600	,	71.000	,	**71.600**
77	948	SCHLÄMME AUS DER ABWASSERBEHANDLUNG	,	,	615.000	,	**615.000**
78	949	ABFÄLLE AUS DER GEWÄSSERNUTZUNG	,	,	32.000	,	**32.000**
79	951	FÄKALIEN AUS SAMMELGRUBEN	,	,	300	,	**300**
80	953	DEPONIESICKERWASSER	1.000	,	,	,	**1.000**
81	954	FLÜSSIGE ABFÄLLE AUS DER THERMISCHEN ABFALLBEHANDLUNG UND AUS FEUERUNGSANLAGEN	,	,	140	,	**140**
82	971	ABFÄLLE AUS DEM MEDIZINISCHEN BEREICH	3.101	,	20.260	,	**23.361**
83	991	SONSTIGE SIEDLUNGSABFÄLLE EINSCHLIESSLICH ÄHNLICHER GEWERBEABFÄLLE	,	,	2	,	**2**
84		*PROBLEMSTOFFE*	,	,	,	*24.000*	*24.000*
85		*NICHT NÄHER SPEZIFIZIERTE BETRIEBLICHE ABFÄLLE*	,	,	*755.205*	,	*755.205*
		Summen	**757.160**	**26.603.000**	**16.350.336**	**2.775.000**	**46.485.496**

Massenpotentiale - Bundes-Abfallwirtschaftsplan 1998 (Angaben in Tonnen)

Lfd. Nr.	SN	Abfallbezeichnungen gemäß ÖNORMEN S 2101 (1983) und S 2100 (1990)	Gewerbe und Industrie: Gefährliche Abfälle	Gewerbe und Industrie: Nicht gefährliche Abfälle: Bodenaushub, Baurestmassen, Bau- und Abbruchholz, Baustellenabfälle	Gewerbe und Industrie: Nicht gefährliche Abfälle: Sonstige nicht gefährliche Abfälle	Abfälle aus Haushalten und ähnlichen Einrichtungen	Gesamt
1	11	NAHRUNGS- UND GENUSSMITTELABFÄLLE					
2	111	ABFÄLLE AUS DER NAHRUNGSMITTEL- PRODUKTION			35.900		35.900
3	11102	überlagerte Lebensmittel			5.000		5.000
4	11103	Spelze, Spelzen- und Getreidestaub			11.000		11.000
5	11104	Würzmittelrückstände			15		15
6	11110	Melasse			100.000		100.000
7	11111	Teig			4.300		4.300
8	11112	Rübenschnitzel, Rübenschwänze			150.000		150.000
9	11114	sonstige schlammförmige Nahrungsmittelabfälle			#		#
10	11115	Rückstände aus der Konserven- und Tiefkühlfabrikation (Fleisch, Fisch)			#		#
11	11116	überlagerte Lebensmittelkonserven; Glas und Metall			#		#
12	11117	Rückstände aus der Konserven- und Tiefkühlfabrikation (Obst, Gemüse, Pilze)			#		#
13	114	ABFÄLLE AUS DER GENUSSMITTELPRODUKTION			9.300		9.300
14	11401	überlagerte Genußmittel			#		#
15	11402	Tabakstaub, Tabakgrus, Tabakrippen			500		500
16	11404	Malztreber, Malzkeime, Malzstaub			185.000		185.000
17	11405	Hopfentreber			#		#
18	11406	Ausputz- und Schwimmgerste			#		#
19	11407	Obst-, Getreide- und Kartoffelschlempe			900		900
20	11411	Trub und Schlamm aus Brauereien			#		#
21	11413	Schlamm aus der Weinbereitung			10.000		10.000
22	11414	Schlamm aus Brennereien			#		#
23	11415	Trester			5.000		5.000
24	11416	Fabrikationsrückstände von Kaffee (z.B. Röstgut und Extraktionsrückstände)			500		500
25	11417	Fabrikationsrückstände von Tee			#		#
26	11418	Fabrikationsrückstände von Kakao			700		700
27	11419	Hefe oder hefeähnliche Rückstände			11.400		11.400
28	11421	Spül- und Waschwasser mit schädlichen Verunreinigungen, organisch belastet	20				20
29	11422	Schlamm aus der Tabakverarbeitung			#		#
30	11423	Rückstände und Abfälle aus Fruchtsaftproduktion			8.400		8.400
31	117	ABFÄLLE AUS DER FUTTERMITTELPRODUKTION					
32	11701	Futtermittel			700		700
33	11702	überlagerte Futtermittel					
34	11703	überlagerte Futtermittelkonserven, Glas und Metall					
35	12	ABFÄLLE PFLANZLICHER UND TIERISCHER FETTERZEUGNISSE					
36	121	ABFÄLLE AUS DER PRODUKTION PFLANZLICHER UND TIERISCHER ÖLE					
37	12101	Ölsaatenrückstände			85.000		85.000
38	12102	verdorbene Pflanzenöle	20				20

Massenpotentiale - Bundes-Abfallwirtschaftsplan 1998 (Angaben in Tonnen)

Lfd. Nr.	SN	Abfallbezeichnungen gemäß ÖNORMEN S 2101 (1983) und S 2100 (1990)	Gewerbe und Industrie			Abfälle aus Haushalten und ähnlichen Einrichtungen	Gesamt
			Gefährliche Abfälle	Nicht gefährliche Abfälle			
				Bodenaushub, Baurestmassen, Bau- und Abbruchholz, Baustellenabfälle	Sonstige nicht gefährliche Abfälle		
39	123	ABFÄLLE AUS DER PRODUKTION PFLANZLICHER UND TIERISCHER FETTE UND WACHSE			1.500		**1.500**
40	12301	Wachse			#		**#**
41	12302	Fette (z.B. Fritieröle)	37.000				**37.000**
42	12303	Ziehmittelrückstände	65				**65**
43	12304	Fettsäurerückstände	20				**20**
44	125	EMULSIONEN UND GEMISCHE MIT PFLANZLICHEN UND TIERISCHEN FETTPRODUKTEN					
45	12501	Inhalt von Fettabscheidern	12.000				**12.000**
46	12502	Molke			15.000		**15.000**
47	12503	Öl-, Fett- und Wachsemulsionen	20				**20**
48	126	PRODUKTE AUS PFLANZENÖLEN					
49	12601	Schmier- und Hydrauliköle, mineralölfrei	10				**10**
50	127	SCHLÄMME AUS DER PRODUKTION PFLANZLICHER UND TIERISCHER FETTE					
51	12702	Schlamm aus der Speisefettproduktion			< 10		**< 10**
52	12703	Schlamm aus der Speiseölproduktion			30		**30**
53	12704	Zentrifugenschlamm					
54	129	RAFFINATIONSRÜCKSTÄNDE AUS DER VERARBEITUNG PFLANZLICHER UND TIERISCHER FETTE					
55	12901	Bleicherde, ölhaltig			3.100		**3.100**
56	13	ABFÄLLE AUS DER TIERHALTUNG UND SCHLACHTUNG					
57	131	SCHLACHTABFÄLLE			43.000		**43.000**
58	13101	Borsten und Horn			#		**#**
59	13102	Knochen			#		**#**
60	13103	Innereien			#		**#**
61	13104	Geflügel			#		**#**
62	13105	Fisch			#		**#**
63	13106	Blut			#		**#**
64	13107	Federn			#		**#**
65	13108	Magen- und Darminhalte			#		**#**
66	13109	Wildabfälle			#		**#**
67	13110	Fleisch- und Hautreste, Därme, sonstige Tierkörperteile			#		**#**
68	134	TIERKÖRPER			256.000		**256.000**
69	13401	Versuchstiere			#		**#**
70	13402	Konfiskate			#		**#**
71	13403	Kadaver			#		**#**
72	13404	Tierkörperteile			#		**#**
73	137	TIERISCHE FÄKALIEN			370.000		**370.000**
74	13701	Geflügelkot			#		**#**
75	13702	Schweinegülle			#		**#**
76	13703	Rindergülle			#		**#**
77	13704	Mist			#		**#**
78	13705	Mist, infektiös	< 10				**< 10**
79	13706	Kot, infektiös	< 10				**< 10**
80	13707	Gülle, infektiös	< 10				**< 10**
81	14	HÄUTE UND LEDERABFÄLLE					

Massenpotentiale - Bundes-Abfallwirtschaftsplan 1998 (Angaben in Tonnen)

Lfd. Nr.	SN	Abfallbezeichnungen gemäß ÖNORMEN S 2101 (1983) und S 2100 (1990)	Gewerbe und Industrie			Abfälle aus Haushalten und ähnlichen Einrichtungen	Gesamt
			Gefährliche Abfälle	Nicht gefährliche Abfälle			
				Bodenaushub, Baurestmassen, Bau- und Abbruchholz, Baustellenabfälle	Sonstige nicht gefährliche Abfälle		
82	141	ABFÄLLE VON HÄUTEN UND FELLEN					
83	14101	Leimleder			10.000		**10.000**
84	14102	Rohspalt			25.000		**25.000**
85	14103	Gelatinespalt			5.000		**5.000**
86	14104	Felle und Häute			50.000		**50.000**
87	144	ABFÄLLE AUS GERBEREIEN (AUSGENOMMEN LEDERCHEMIKALIEN)					
88	14401	Äschereischlamm			< 10		**< 10**
89	14402	Gerbereischlamm			21.000		**21.000**
90	147	LEDERABFÄLLE					
91	14702	Chromlederabfälle			13.000		**13.000**
92	14703	Pelzabfälle und nicht chromgegerbte Leder			120		**120**
93	14704	Lederschleifschlamm, Ledermehl			1.100		**1.100**
94	14706	sonstige Abfälle aus Pelz- und Lederverarbeitung			2.000		**2.000**
95	17	HOLZABFÄLLE					
96	171	HOLZABFÄLLE AUS DER BE- UND VERARBEITUNG					
97	17101	Rinde			1.000.000		**1.000.000**
98	17102	Schwarten, Spreißel aus sauberem, unbeschichtetem Holz			320.000		**320.000**
99	17103	Sägemehl und Sägespäne aus sauberem, unbeschichtetem Holz			1.500.000		**1.500.000**
100	17104	Holzschleifstäube und Holzschleifschlämme			40.000		**40.000**
101	17114	Staub und Schlamm aus Spanplattenherstellung			75.000		**75.000**
102	17115	Spanplattenabfälle			178.000		**178.000**
103	172	HOLZABFÄLLE AUS DER ANWENDUNG					
104	17201	Holzemballagen und Holzabfälle, nicht verunreinigt			200.000		**200.000**
105	17202	Bau- und Abbruchholz		200.000			**200.000**
106	17203	Holzwolle, nicht verunreinigt					
107	17207	Eisenbahnschwellen			20.000		**20.000**
108	17208	Holz (z.B. Pfähle und Masten), salzimprägniert	15				**15**
109	17209	Holz (z.B. Pfähle und Masten), ölimprägniert			9.400		**9.400**
110	17211	Sägemehl und -späne, durch organische Chemikalien (z.B. Mineralöle, Lösemittel, Lacke, organische Beschichtungen) verunreinigt	55				**55**
111	17212	Sägemehl und -späne, durch anorganische Chemikalien (z.B. Säuren, Laugen, Salze) verunreinigt	< 10				**< 10**
112	17213	Holzemballagen, Holzabfälle und Holzwolle, durch organische Chemikalien (z.B. Mineralöle, Lösemittel, Lacke, organische Beschichtungen) verunreinigt	3.000				**3.000**
113	17214	Holzemballagen, Holzabfälle und Holzwolle, durch anorganische Chemikalien (z.B. Säuren, Laugen, Salze) verunreinigt	< 10				**< 10**
114	18	ZELLULOSE-, PAPIER- UND PAPPEABFÄLLE					
115	181	ABFÄLLE AUS DER ZELLSTOFFHERSTELLUNG					

Massenpotentiale - Bundes-Abfallwirtschaftsplan 1998 (Angaben in Tonnen)

Lfd. Nr.	SN	Abfallbezeichnungen gemäß ÖNORMEN S 2101 (1983) und S 2100 (1990)	Gewerbe und Industrie			Abfälle aus Haushalten und ähnlichen Einrichtungen	Gesamt
			Gefährliche Abfälle	Nicht gefährliche Abfälle			
				Bodenaushub, Baurestmassen, Bau- und Abbruchholz, Baustellenabfälle	Sonstige nicht gefährliche Abfälle		
116	18101	Rückstände aus der Zellstoffherstellung (Spuckstoffe und Äste)			43.800		**43.800**
117	18102	Rückstände aus der Chemikalienrückgewinnung der Zellstoffherstellung			22.500		**22.500**
118	184	ABFÄLLE AUS DER ZELLULOSEVERARBEITUNG					
119	18401	Rückstände aus der Papiergewinnung (Spuckstoffe) ohne Altpapieraufbereitung			8.600		**8.600**
120	18407	Rückstände aus der Altpapierverarbeitung			97.000		**97.000**
121	18408	Abfälle aus der Zelluloseregeneratfaserherstellung					
122	187	PAPIER- UND PAPPEABFÄLLE			17.000		**17.000**
123	18701	Schnitt- und Stanzabfälle			1.200		**1.200**
124	18702	Papier und Pappe, beschichtet			7.000		**7.000**
125	18703	Fotopapier			150		**150**
126	18704	wachsgetränktes Papier			70		**70**
127	18705	Teerpappe und bitumengetränktes Papier			1.300		**1.300**
128	18706	Papierklischees, Makulatur			60		**60**
129	18709	Papierfilter, ölgetränkt	10				**10**
130	18710	Papierfilter mit schädlichen Verunreinigungen, vorwiegend organisch	20				**20**
131	18711	Papierfilter mit schädlichen Verunreinigungen, vorwiegend anorganisch	< 10				**< 10**
132	18712	Zellstofftücher mit schädlichen Verunreinigungen, vorwiegend organisch	45				**45**
133	18713	Zellstofftücher mit schädlichen Verunreinigungen, vorwiegend anorganisch	< 10				**< 10**
134	18714	Verpackungsmaterial mit schädlichen Verunreinigungen oder Restinhalten, vorwiegend organisch	70				**70**
135	18715	Verpackungsmaterial mit schädlichen Verunreinigungen oder Restinhalten, vorwiegend anorganisch	25				**25**
136	18720	Papier und Pappe, unbeschichtet			600.000	439.000	**1.039.000**
137	19	ANDERE ABFÄLLE AUS DER VERARBEITUNG UND VEREDELUNG TIERISCHER UND PFLANZLICHER PRODUKTE					
138	199	ANDERE ABFÄLLE AUS DER VERARBEITUNG UND VEREDELUNG TIERISCHER UND PFLANZLICHER PRODUKTE					
139	19901	Stärkeschlamm			40		**40**
140	19903	Gelatineabfälle					
141	19904	Rückstände aus der Kartoffelstärkeproduktion			51.300		**51.300**
142	19905	Rückstände aus der Maisstärkeproduktion			24.000		**24.000**
143	19906	Rückstände aus der Reisstärkeproduktion					
144	19908	Seifenunterlauge			< 10		**< 10**
145	19909	Sudkesselrückstände (Seifenherstellung)			< 10		**< 10**
146	19910	Schlamm aus Seifensiedereien			< 10		**< 10**

Massenpotentiale - Bundes-Abfallwirtschaftsplan 1998 (Angaben in Tonnen)

Lfd. Nr.	SN	Abfallbezeichnungen gemäß ÖNORMEN S 2101 (1983) und S 2100 (1990)	Gewerbe und Industrie			Abfälle aus Haushalten und ähnlichen Einrichtungen	Gesamt
			Gefährliche Abfälle	Nicht gefährliche Abfälle			
				Bodenaushub, Baurestmassen, Bau- und Abbruchholz, Baustellenabfälle	Sonstige nicht gefährliche Abfälle		
147	19911	Darmabfälle aus der Verarbeitung					
148	31	ABFÄLLE MINERALISCHEN URSPRUNGS (OHNE METALLABFÄLLE)					
149	311	OFENAUSBRÜCHE, HÜTTEN- UND GIESSEREISCHUTT					
150	31102	SiO2-Tiegelbruch			190		**190**
151	31103	Ofenausbruch aus metallurgischen Prozessen			10.000		**10.000**
152	31104	Ofenausbruch aus nichtmetallurgischen Prozessen			150		**150**
153	31105	Ausbruch aus Feuerungs- und Verbrennungsanlagen			750		**750**
154	31106	Dolomit			26.000		**26.000**
155	31107	Chrommagnesit			300		**300**
156	31108	Ofenausbruch aus metallurgischen Prozessen mit produktionsspezifisch schädlichen Beimengungen	9.000				**9.000**
157	31109	Ofenausbruch aus nichtmetallurgischen Prozessen mit produktionsspezifisch schädlichen Beimengungen	< 10				**< 10**
158	31110	Ofenausbrüche aus metallurgischen und nicht metallurgischen Prozessen, soferne sie arsen-, blei-, cadmium-, cyanid-, quecksilber-, chrom-(VI)-haltig sind	*in SN 31108 und 31109*				***in SN 31108 und 31109***
159	31111	Hütten- und Gießereischutt			200		**200**
160	312	METALLURGISCHE SCHLACKEN, KRÄTZEN, STÄUBE					
161	31202	Kupolofenschlacke			6.000		**6.000**
162	31203	Schlacken aus NE-Metallschmelzen			5.000		**5.000**
163	31204	Bleikrätze	230				**230**
164	31205	Leichtmetallkrätzen, aluminiumhaltig	6.000				**6.000**
165	31206	Leichtmetallkrätzen, magnesiumhaltig	< 10				**< 10**
166	31207	Schlacken aus Schmelzelektrolysen					
167	31208	Eisenoxid, gesintert			43.000		**43.000**
168	31210	Zinkschlacke			300		**300**
169	31211	Salzschlacken, aluminiumhaltig	25.000				**25.000**
170	31212	Salzschlacken, magnesiumhaltig					
171	31213	Zinnaschen			< 10		**< 10**
172	31214	Bleiaschen	200				**200**
173	31215	Gichtgasstäube			35.000		**35.000**
174	31217	Filterstäube, NE-metallhaltig			13.000		**13.000**
175	31218	Elektroofenschlacke			78.000		**78.000**
176	31219	Hochofenschlacke			1.270.000		**1.270.000**
177	31220	Konverterschlacke			740.000		**740.000**
178	31221	sonstige Schlacke aus der Stahlerzeugung					
179	31222	Krätzen aus der Eisen- und Stahlerzeugung			3.100		**3.100**
180	31223	Stäube (Aschen) aus Schmelzprozessen, soferne sie arsen-, blei-, cadmium-, cyanid-, quecksilber-, chrom-(VI)-haltig sind	10.500				**10.500**
181	313	ASCHEN, SCHLACKEN UND STÄUBE AUS DER THERMISCHEN ABFALLBEHANDLUNG UND AUS FEUERUNGSANLAGEN					
182	31301	Flugaschen und -stäube aus Feuerungsanlagen			530.000		**530.000**

Massenpotentiale - Bundes-Abfallwirtschaftsplan 1998 (Angaben in Tonnen)

Lfd. Nr.	SN	Abfallbezeichnungen gemäß ÖNORMEN S 2101 (1983) und S 2100 (1990)	Gewerbe und Industrie: Gefährliche Abfälle	Gewerbe und Industrie: Nicht gefährliche Abfälle: Bodenaushub, Baurestmassen, Bau- und Abbruchholz, Baustellenabfälle	Gewerbe und Industrie: Nicht gefährliche Abfälle: Sonstige nicht gefährliche Abfälle	Abfälle aus Haushalten und ähnlichen Einrichtungen	Gesamt
183	31305	Kohlenasche					
184	31306	Holzasche, Strohasche			30.000		**30.000**
185	31307	Kesselschlacke			3.000		**3.000**
186	31308	Schlacken und Aschen aus Abfallverbrennungsanlagen	145.000				**145.000**
187	31309	Flugaschen und -stäube aus Abfallverbrennungsanlagen	26.000				**26.000**
188	31310	Schlacken und Aschen aus Sonderabfallverbrennungsanlagen, soferne sie andere überwachungsbedürftige Sonderabfälle enthalten	*in SN 31308*				***in SN 31308***
189	31311	Flugaschen und Flugstäube aus Sonderabfallverbrennungsanlagen, soferne sie andere überwachungsbedürftige Sonderabfälle enthalten	*in SN 31309*				***in SN 31309***
190	31312	feste salzhaltige Rückstände aus der Rauchgasreinigung von Abfallverbrennungsanlagen und Abfallpyrolyseanlagen	2.500				**2.500**
191	31314	feste salzhaltige Rückstände aus der Rauchgasreinigung von Feuerungsanlagen für konventionelle Brennstoffe (ohne Rea-Gipse)	35.000				**35.000**
192	31315	Rea-Gipse			75.000		**75.000**
193	31316	Schlacken und Aschen aus Abfallpyrolyseanlagen	15.000				**15.000**
194	314	SONSTIGE FESTE MINERALISCHE ABFÄLLE			24.000		**24.000**
195	31401	Gießerei-Altsand			40.000		**40.000**
196	31402	Putzereisandrückstände, Strahlsandrückstände			3.600		**3.600**
197	31405	Glasvlies			1.500		**1.500**
198	31407	Keramik			5.000		**5.000**
199	31408	Glas und Altglas			20.000	183.000	**203.000**
200	31409	Bauschutt (keine Baustellenabfälle)		3.600.000			**3.600.000**
201	31410	Straßenaufbruch		1.700.000			**1.700.000**
202	31411	Bodenaushub		20.000.000			**20.000.000**
203	31412	Asbestzement		3.000			**3.000**
204	31413	Asbestzementstäube					
205	31414	Schamotte			1.000		**1.000**
206	31415	Formlehm			< 10		**< 10**
207	31416	Mineralfasern			7.500		**7.500**
208	31417	Aktivkohle			150		**150**
209	31418	Gesteinsstäube, Polierstäube			2.000		**2.000**
210	31419	Feinstaub aus der Schlackenaufbereitung			182.000		**182.000**
211	31420	Rußabfälle			50		**50**
212	31421	Kohlenstaub			162.000		**162.000**
213	31422	Kiesabbrände			9.100		**9.100**
214	31423	ölverunreinigte Böden	50.000				**50.000**
215	31424	sonstige verunreinigte Böden	22.000				**22.000**
216	31425	gebrauchte Formsande			2.500		**2.500**
217	31426	Kernsande			35.000		**35.000**
218	31427	Betonabbruch		*in SN 31410*			***in SN 31410***
219	31430	verunreinigte Mineralfaserabfälle			60		**60**
220	31432	Graphit, Graphitstaub			230		**230**

Massenpotentiale - Bundes-Abfallwirtschaftsplan 1998 (Angaben in Tonnen)

Lfd. Nr.	SN	Abfallbezeichnungen gemäß ÖNORMEN S 2101 (1983) und S 2100 (1990)	Gewerbe und Industrie			Abfälle aus Haushalten und ähnlichen Einrichtungen	Gesamt
			Gefährliche Abfälle	Nicht gefährliche Abfälle			
				Bodenaushub, Baurestmassen, Bau- und Abbruchholz, Baustellenabfälle	Sonstige nicht gefährliche Abfälle		
221	31433	Glas und Keramik mit produktionsspezifischen Beimengungen (z.B. Lampen, Bildröhren)	2.700				**2.700**
222	31434	verbrauchte Filter- und Aufsaugmassen, soferne sie mit anderen überwachungsbedürftigen Sonderabfällen belastet sind.	470				**470**
223	31434	verbrauchte Filter- und Aufsaugmassen mit anwendungsspezifischen nicht schädlichen Beimengungen (z.B. Kieselgur, Aktiverden, Aktivkohle)			120		**120**
224	31435	verbrauchte Filter- und Aufsaugmassen mit anwendungsspezifischen schädlichen Beimengungen (z.B. Kieselgur, Aktiverden, Aktivkohle)	190				**190**
225	31437	Asbestabfälle, Asbeststäube	500				**500**
226	31438	Gips			75.000		**75.000**
227	31439	mineralische Rückstände aus der Gasreinigung			400		**400**
228	31440	Strahlmittelrückstände mit anwendungsspezifischen schädlichen Beimengungen	45				**45**
229	31441	chemisch verunreinigter Bauschutt	6.000				**6.000**
230	31442	Kieselsäure- und Quarzabfälle			200		**200**
231	31444	Schleifmittel			5.000		**5.000**
232	31445	Gipsabfälle mit produktionsspezifischen schädlichen Beimengungen	10				**10**
233	31446	Kieselsäure- und Quarzabfälle mit produktionsspezifischen Beimengungen, vorwiegend organisch	< 10				**< 10**
234	31447	Kieselsäure- und Quarzabfälle mit produktionsspezifischen Beimengungen, vorwiegend anorganisch	15				**15**
235	31449	keramische Bottichauskleidungen			350		**350**
236	31450	Kesselstein			9.000		**9.000**
237	31451	Strahlmittelrückstände mit anwendungsspezifischen nicht schädlichen Beimengungen			200		**200**
238	31460	Glasurabfälle			150		**150**
239	316	MINERALISCHE SCHLÄMME					
240	31601	Schlamm aus der Betonherstellung			5.000		**5.000**
241	31602	Steinschleifschlamm			6.000		**6.000**
242	31603	Filterschlamm aus der Bleicherdeherstellung					
243	31604	Tonsuspensionen			10.400		**10.400**
244	31605	Schlamm aus der Zementfabrikation			500		**500**
245	31606	Schlamm aus der Kalksandsteinfabrikation			1.000		**1.000**
246	31607	Schlamm aus der Fertigmörtelherstellung					
247	31608	Rotschlamm aus der Aluminiumerzeugung					
248	31609	Asbestzementschlamm			4.800		**4.800**
249	31610	Emailleschlamm			80		**80**
250	31611	Graphitschlamm			30		**30**
251	31612	Kalkschlamm			5.000		**5.000**
252	31613	Gipsschlamm			100		**100**

Massenpotentiale - Bundes-Abfallwirtschaftsplan 1998 (Angaben in Tonnen)

Lfd. Nr.	SN	Abfallbezeichnungen gemäß ÖNORMEN S 2101 (1983) und S 2100 (1990)	Gewerbe und Industrie			Abfälle aus Haushalten und ähnlichen Einrichtungen	Gesamt
			Gefährliche Abfälle	Nicht gefährliche Abfälle			
				Bodenaushub, Baurestmassen, Bau- und Abbruchholz, Baustellenabfälle	Sonstige nicht gefährliche Abfälle		
253	31614	Schlamm aus Eisenhütten			1.800		1.800
254	31615	Schlamm aus Stahlwalzwerken			100.000		100.000
255	31616	Schlamm aus Gießereien			4.500		4.500
256	31617	Glasschleifschlamm			500		500
257	31618	Carbidschlamm			15.200		15.200
258	31619	Gichtgasschlamm			60		60
259	31620	Gipsschlamm mit produktionsspezifischen schädlichen Beimengungen	< 10				< 10
260	31621	Kalkschlamm mit produktionsspezifischen schädlichen Beimengungen	10				10
261	31622	Magnesiumoxidschlamm			3.400		3.400
262	31624	Eisenoxidschlamm aus Reduktionsprozessen			350		350
263	31625	Erdschlamm, Sandschlamm, Schlitzwandaushub			6.000		6.000
264	31626	Schlamm aus der Nichteisenmetall-Erzeugung			100		100
265	31627	Aluminiumoxidschlamm			4.200		4.200
266	31628	Härtereischlamm, cyanidhaltig	35				35
267	31629	Härtereischlamm, nitrat-, nitrithaltig	15				15
268	31630	bariumhaltige Schlämme (ausgenommen Bariumsulfat)	< 10				< 10
269	31631	Bariumsulfatschlamm			40		40
270	31632	Bariumsulfatschlamm, quecksilberhaltig	< 10				< 10
271	31633	Glasschleifschlamm mit produktionsspezifischen schädlichen Beimengungen	45				45
272	31634	Carbonatationsschlamm			142.000		142.000
273	31635	Rübenerde			242.000		242.000
274	31636	Bohrschlamm, verunreinigt	20				20
275	31637	Phosphatierschlamm			250		250
276	31638	Calciumsulfitschlamm					
277	31639	sonstige Schlämme aus Fäll- und Löseprozessen mit produktionsspezifischen schädlichen Beimengungen	500				500
278	31640	Füll- und Trennmittelsuspensionen (Mineral-, Feststoffanteile)			310		310
279	31641	Calciumfluoridschlamm			25		25
280	31642	Kesselreinigungsrückstände			600		600
281	31660	Schlamm aus der Gas- und Abgasreinigung	30				30
282	35	METALLABFÄLLE					
283	351	EISEN- UND STAHLABFÄLLE			1.100.000	66.000	1.166.000
284	35101	eisenhaltiger Staub ohne schädliche Beimengungen			88.000		88.000
285	35102	Zunder und Hammerschlag, Walzensinter			125.000		125.000
286	35103	Eisen- und Stahlabfälle (Altautos)	55.000				55.000
287	35103	Eisen- und Stahlabfälle (Altautos)			110.000		110.000
288	35105	Eisenmetallemballagen und -behältnisse			35.000	20.000	55.000
289	35106	Eisenmetallemballagen und -behältnisse mit gefährlichen Restinhalten	2.500				2.500
290	35107	KFZ-Katalysatoren	< 10				< 10
291	353	NE-METALLABFÄLLE					

Massenpotentiale - Bundes-Abfallwirtschaftsplan 1998 (Angaben in Tonnen)

Lfd. Nr.	SN	Abfallbezeichnungen gemäß ÖNORMEN S 2101 (1983) und S 2100 (1990)	Gewerbe und Industrie			Abfälle aus Haushalten und ähnlichen Einrichtungen	Gesamt
			Gefährliche Abfälle	Nicht gefährliche Abfälle			
				Bodenaushub, Baurestmassen, Bau- und Abbruchholz, Baustellenabfälle	Sonstige nicht gefährliche Abfälle		
292	35301	Stanz- und Zerspanungsabfälle			8.000		8.000
293	35302	Blei (Bleistäube -> SN 31217 zuordnen)	2.500				2.500
294	35303	Hartzink			1.000		1.000
295	35304	Aluminium, Aluminiumfolien			1.000		1.000
296	35306	Elektronspäne			< 10		< 10
297	35307	Berylliumspäne	< 10				< 10
298	35308	Magnesium			100		100
299	35309	Zink, Zinkplatten			600		600
300	35310	Kupfer			5.700		5.700
301	35314	Kabel			12.000		12.000
302	35315	NE-Metallschrott, NE-Metallemballagen, rein			31.000	40.000	71.000
303	35318	berylliumhaltige Stäube					
304	35321	sonstige NE-metallhaltige Stäube	420				420
305	35322	Bleiakkumulatoren	15.000				15.000
306	35323	Nickel-Cadmium-Akkumulatoren	180				180
307	35324	Quecksilberbatterien	30				30
308	35325	Trockenbatterien, quecksilber- und silberhaltig	210				210
309	35326	Quecksilber, quecksilberhaltige Rückstände	1.200				1.200
310	35327	NE-Metallemballagen und -behältnisse mit gefährlichen Restinhalten	250				250
311	35330	Cadmium und cadmiumhaltige Abfälle	50				50
312	35331	Nickel und nickelhaltige Abfälle (Nickelstäube sind der SN 31223 zuzuordnen)	120				120
313	35335	Zink-Kohle-Batterien	1.300				1.300
314	35336	Alkali-Mangan-Batterien	355				355
315	355	METALLSCHLÄMME					
316	35501	Zinkschlamm			260		260
317	35502	Metallschleifschlamm			10.000		10.000
318	35503	Bleischlamm	550				550
319	35504	Zinnschlamm			< 10		< 10
320	35505	Anodenschlamm			25		25
321	35506	Sonstige Metallschlämme			220		220
322	39	ANDERE ABFÄLLE MINERALISCHEN URSPRUNGS SOWIE ABFÄLLE VON VEREDELUNGSPRODUKTEN					
323	399	ANDERE ABFÄLLE MINERALISCHEN URSPRUNGS SOWIE ABFÄLLE VON VEREDELUNGSPRODUKTEN			10.000		10.000
324	39903	Steinsalzrückstände	< 10				< 10
325	39904	Gasreinigungsmassen			#		#
326	39905	Feuerlöschpulverreste			#		#
327	39907	Rückstände mit Elementarschwefel			#		#
328	39908	Gemengereste (Glasherstellung)			#		#
329	39909	sonstige feste Abfälle mineralischen Ursprungs mit produktionsspezifischen oder anwendungsspezifischen schädlichen Beimengungen	< 10				< 10
330	51	OXIDE, HYDROXIDE, SALZABFÄLLE					
331	511	GALVANIKSCHLÄMME	15.000				15.000

Massenpotentiale - Bundes-Abfallwirtschaftsplan 1998 (Angaben in Tonnen)

Lfd. Nr.	SN	Abfallbezeichnungen gemäß ÖNORMEN S 2101 (1983) und S 2100 (1990)	Gewerbe und Industrie			Abfälle aus Haushalten und ähnlichen Einrichtungen	Gesamt
			Gefährliche Abfälle	Nicht gefährliche Abfälle			
				Bodenaushub, Baurestmassen, Bau- und Abbruchholz, Baustellenabfälle	Sonstige nicht gefährliche Abfälle		
332	51101	cyanidhaltiger Galvanikschlamm	#				#
333	51102	chrom(VI)haltiger Galvanikschlamm	#				#
334	51103	chrom(III)haltiger Galvanikschlamm	#				#
335	51104	kupferhaltiger Galvanikschlamm	#				#
336	51105	zinkhaltiger Galvanikschlamm	#				#
337	51106	cadmiumhaltiger Galvanikschlamm	#				#
338	51107	nickelhaltiger Galvanikschlamm	#				#
339	51108	kobalthaltiger Galvanikschlamm	#				#
340	51110	edelmetallhaltiger Galvanikschlamm	#				#
341	51112	sonstige Galvanikschlämme	#				#
342	51113	sonstige Metallhydroxidschlämme			#		#
343	51114	Blei-, Nickel-, Cadmiumhydroxidschlämme			#		#
344	51115	Aluminiumhydroxidschlamm, verunreinigt			#		#
345	513	SONSTIGE OXIDE UND HYDROXIDE			19.500		19.500
346	51301	Zinkoxid			< 10		< 10
347	51302	Zinkhydroxid			15		15
348	51303	Zinnstein			100		100
349	51304	Braunstein, Manganoxide			10		10
350	51305	Aluminiumoxid			20		20
351	51306	Chrom(III)oxid			15		15
352	51307	Kupferoxid			< 10		< 10
353	51308	Aluminiumhydroxid			400		400
354	51309	Eisenhydroxid			2.000		2.000
355	51310	sonstige Metallhydroxide			150		150
356	515	SALZABFÄLLE					
357	51502	Häutesalz			6.000		6.000
358	51503	Natrium- und Kaliumphosphatabfälle			10		10
359	51504	Imprägniersalzabfälle	15				15
360	51505	Lederchemikalien, (z.B. Lösemittel, Weichmacher), Gerbstoffe	< 10				< 10
361	51507	Düngemittelreste			< 10		< 10
362	51508	Pottascherückstände			< 10		< 10
363	51509	Salmiak (Ammonchlorid)	< 10				< 10
364	51511	Salzbadabfälle	30				30
365	51512	Ammoniumhydrogenfluorid	15				15
366	51513	Arsenkalk	< 10				< 10
367	51514	Arsentrisulfid	25				25
368	51516	Brüniersalzabfälle	40				40
369	51517	Natriumsulfat (Glaubersalz)	< 10				< 10
370	51518	Natriumbromid	< 10				< 10
371	51519	Eisenchlorid			< 10		< 10
372	51520	Eisensulfat			25.000		25.000
373	51521	Bleisulfat	550				550
374	51523	Natriumchlorid			< 10		< 10
375	51524	Bleisalze (wasserlöslich)	250				250
376	51525	Bariumsalze (wasserlöslich)	55				55
377	51526	Calciumchlorid			20		20
378	51527	Magnesiumchlorid			< 10		< 10
379	51528	Alkali- und Erdalkalisulfide			< 10		< 10
380	51529	Schwermetallsulfide			< 10		< 10
381	51530	Kupferchlorid	2.600				2.600
382	51532	Chlorkalk			40		40

Massenpotentiale - Bundes-Abfallwirtschaftsplan 1998 (Angaben in Tonnen)

Lfd. Nr.	SN	Abfallbezeichnungen gemäß ÖNORMEN S 2101 (1983) und S 2100 (1990)	Gewerbe und Industrie			Abfälle aus Haushalten und ähnlichen Einrichtungen	Gesamt
			Gefährliche Abfälle	Nicht gefährliche Abfälle			
				Bodenaushub, Baurestmassen, Bau- und Abbruchholz, Baustellenabfälle	Sonstige nicht gefährliche Abfälle		
383	51533	Härtesalz, cyanidhaltig	50				50
384	51534	Härtesalz, nitrat-, nitrithaltig u.a.	100				100
385	51535	Vanadiumsalze					
386	51539	Härtesalz, bariumhaltig	55				55
387	51540	sonstige Salze, leicht löslich	10				10
388	51541	sonstige Salze, schwer löslich			15		15
389	51543	gebrauchte ammoniakalische Kupferätzlösungen	30				30
390	51550	Kupfersalze, wasserlöslich (ausgenommen Kupferchlorid)	500				500
391	52	ABFÄLLE VON SÄUREN, LAUGEN, KONZENTRATEN					
392	521	SÄUREN, ANORGANISCH					
393	52101	Akku-Säuren	250				250
394	52102	Säuren, Säuregemische mit verwendungsspezifischen Beimengungen (z.B. Beizen, Ionenaustauschereluate), soferne sie eine pH-Wert < 1 (für Mineralsäuren) bzw. einen pH-Wert < 3 (für organische Säuren) haben oder toxisch sind	4.700				4.700
395	52103	Säuren, Säuregemische mit anwendungsspezifischen Beimengungen (z.B. Beizen, Ionenaustauschereluate)	680				680
396	52105	Chromschwefelsäure	70				70
397	522	SÄUREN, ORGANISCH					
398	52201	organische Säuren und Säuregemische, halogeniert	< 10				< 10
399	52202	organische Säuren und Säuregemische, nicht halogeniert	150				150
400	524	LAUGEN					
401	52402	Laugen, Laugengemische			3.000		3.000
402	52403	Ammoniaklösungen (Salmiakgeist)			100		100
403	52404	Laugen und Laugengemische mit verwendungsspezifischen Beimengungen (z.B. Beizen, Ionenaustauschereluate, Entfettungsbäder) soferne sie einen ph-Wert > 11 haben oder toxisch sind	4.500				4.500
404	527	KONZENTRATE					
405	52701	Hypochlorit-Ablauge			60		60
406	52707	Fixierbäder	1.000				1.000
407	52708	Sulfitablauge			700		700
408	52710	Gerbereibrühe			60		60
409	52711	Bäder, sulfidhaltig	< 10				< 10
410	52712	Konzentrate, chrom-(VI)-haltig	400				400
411	52713	Konzentrate, cyanidhaltig	150				150
412	52714	Spül- und Waschwässer, cyanidhaltig	140				140
413	52715	Bleichbäder	10				10
414	52716	Konzentrate, metallsalzhaltig	5.000				5.000
415	52717	Bleichereiablauge, chlorfrei			< 10		< 10
416	52718	Bleichereiablauge, chlorhaltig	< 10				< 10
417	52722	Spül- und Waschwässer, metallsalzhaltig	300				300
418	52723	Entwicklerbäder	4.200				4.200
419	52724	Kühlmittellösungen	100				100
420	52725	sonstige wäßrige Konzentrate	300				300

Massenpotentiale - Bundes-Abfallwirtschaftsplan 1998 (Angaben in Tonnen)

Lfd. Nr.	SN	Abfallbezeichnungen gemäß ÖNORMEN S 2101 (1983) und S 2100 (1990)	Gewerbe und Industrie			Abfälle aus Haushalten und ähnlichen Einrichtungen	Gesamt
			Gefährliche Abfälle	Nicht gefährliche Abfälle			
				Bodenaushub, Baurestmassen, Bau- und Abbruchholz, Baustellenabfälle	Sonstige nicht gefährliche Abfälle		
421	52740	Kupfersalzlösung	1.150				1.150
422	53	ABFÄLLE VON PFLANZENBEHANDLUNGS- UND SCHÄDLINGSBEKÄMPFUNGSMITTELN SOWIE VON PHARMAZEUTISCHEN ERZEUGNISSEN UND DESINFEKTIONSMITTELN					
423	531	ABFÄLLE VON PFLANZENBEHANDLUNGS- UND SCHÄDLINGS-BEKÄMPFUNGSMITTELN					
424	53103	Altbestände von Pflanzenbehandlungs- und Schädlingsbekämpfungsmitteln	150				150
425	53104	Produktionsabfälle von Pflanzenbehandlungs- und Schädlingsbekämpfungsmitteln (vorwiegend Filterrückstände, gebrauchte Aktivkohle und verunreinigte Lösemittel)	420				420
426	533	ABFÄLLE VON KÖRPERPFLEGEMITTELN					
427	53301	überlagerte Körperpflegemittel	15				15
428	53302	Produktionsabfälle von Körperpflegemitteln			20		20
429	535	ABFÄLLE VON ARZNEIMITTEL-ERZEUGNISSEN					
430	53501	Altmedikamente (z.B. mit abgelaufenem Datum)	850				850
431	53502	Produktionsabfälle von pharmazeutischen Erzeugnissen (vorwiegend Filterrückstände, gebrauchte Aktivkohle und verunreinigte Lösemittel)	350				350
432	53504	Trester von Heilpflanzen			20		20
433	53505	Pilzmycel					
434	53506	Proteinabfälle			150		150
435	53507	Desinfektionsmittel	30				30
436	53508	Lebendimpfstoffe					
437	53510	Arzneimittel, wassergefährdend, schwermetallhaltig (z.B. Blei, Cadmium, Zink, Quecksilber, Selen) und Zytostatica	65				65
438	54	ABFÄLLE VON MINERALÖL- UND KOHLEVEREDELUNGSPRODUKTEN					
439	541	ABFÄLLE VON MINERALÖLEN UND SYNTHETISCHEN ÖLEN					
440	54101	Öle, säurehaltig	*in SN 54102*				*in SN 54102*
441	54102	Altöle	45.000				45.000
442	54103	Motor- und Getriebeöle	*in SN 54102*				*in SN 54102*
443	54104	Kraftstoffe	350				350
444	54106	Trafoöle, Wärmeträgeröle, chlorfrei	600				600
445	54107	Trafofüllungen,Wärmeträgeröle, Spülöle, chlorhaltig	40				40
446	54108	Heizöle	1.000				1.000
447	54109	Bohr-, Schleif- und Schneidöle	*in SN 54102*				*in SN 54102*
448	54110	PCB-haltige und PCT-haltige elektrische Betriebsmittel	200				200
449	54111	sonstige PCB-haltige und PCT-haltige Abfälle	10				10
450	54116	Maschinenöle	*in SN 54102*				*in SN 54102*
451	54117	Turbinenöle	*in SN 54102*				*in SN 54102*

Massenpotentiale - Bundes-Abfallwirtschaftsplan 1998 (Angaben in Tonnen)

Lfd. Nr.	SN	Abfallbezeichnungen gemäß ÖNORMEN S 2101 (1983) und S 2100 (1990)	Gewerbe und Industrie			Abfälle aus Haushalten und ähnlichen Einrichtungen	Gesamt
			Gefährliche Abfälle	Nicht gefährliche Abfälle			
				Bodenaushub, Baurestmassen, Bau- und Abbruchholz, Baustellenabfälle	Sonstige nicht gefährliche Abfälle		
452	54118	Hydrauliköle, halogenfrei	*in SN 54102*				*in SN 54102*
453	54119	Hydrauliköle, halogenhaltig	*in SN 54102*				*in SN 54102*
454	54120	Bremsflüssigkeit	270				**270**
455	54121	Spezial-Industriegetriebeöl	*in SN 54102*				*in SN 54102*
456	54122	Silikonöle			20		**20**
457	542	ABFÄLLE VON FETTEN UND WACHSEN AUS MINERALÖL					
458	54201	Ölgatsch	600				**600**
459	54202	Fette	200				**200**
460	54204	Fettsäurerückstände	< 10				**< 10**
461	54205	Stearinpech			< 10		**< 10**
462	54206	Metallseifen	< 10				**< 10**
463	54207	Wachse	20				**20**
464	544	ABFÄLLE VON EMULSIONEN UND GEMISCHEN VON MINERALÖLPRODUKTEN					
465	54401	synthetische Kühl- und Schmiermittel	450				**450**
466	54402	Bohr- und Schleifölemulsionen und Emulsionsgemische	16.000				**16.000**
467	54404	Honöle			30		**30**
468	54406	Wachsemulsionen			190		**190**
469	54407	Bitumenemulsionen			20		**20**
470	54408	Öl-Wassergemische	25.000				**25.000**
471	545	RÜCKSTÄNDE AUS DER ERDÖLFÖRDERUNG					
472	54501	Bohrspülung und Bohrklein, ölfrei			10.200		**10.200**
473	54502	Bohrspülung und Bohrklein, rohölkontaminiert	< 10				**< 10**
474	54503	rohölhaltiger Schlamm	< 10				**< 10**
475	54504	rohölverunreinigtes Erdreich, Aushub und Abbruchmaterial	7.000				**7.000**
476	54505	sonstige rohölverunreinigte Rückstände aus der Erdölförderung	70				**70**
477	547	MINERALÖLSCHLÄMME					
478	54701	Sandfanginhalte, öl- oder kaltreinigerhaltig	7.000				**7.000**
479	54702	Ölabscheiderinhalte (Benzinabscheiderinhalte)	30.000				**30.000**
480	54703	Schlamm aus Öltrennanlagen	1.000				**1.000**
481	54704	Schlamm aus der Tankreinigung und Faßwäsche	4.000				**4.000**
482	54706	Paraffinölschlamm	30				**30**
483	54707	Erodierschlamm (petroleum-und graphithaltig)			60		**60**
484	54708	Hon- und Läppschlamm			40		**40**
485	54710	Schleifschlamm, ölhaltig	3.500				**3.500**
486	54715	Schlamm aus der Behälterreinigung (z.B. aus Fässern, Containern, Tankwagen, Kesselwagen)	380				**380**
487	54716	Schwefeleisen			< 10		**< 10**
488	548	RÜCKSTÄNDE AUS MINERALÖLRAFFINERIEN					
489	54801	Bleicherde, mineralölhaltig	100				**100**
490	54802	Säureharz und Säureteer	120				**120**
491	54803	Schlämme aus Mineralölraffination	< 10				**< 10**
492	54805	Rohschwefel			150		**150**
493	54806	Säureharz-, Aufbereitungsrückstände	< 10				**< 10**
494	54807	Abfallsäure, mineralölhaltig	30				**30**

Massenpotentiale - Bundes-Abfallwirtschaftsplan 1998 (Angaben in Tonnen)

Lfd. Nr.	SN	Abfallbezeichnungen gemäß ÖNORMEN S 2101 (1983) und S 2100 (1990)	Gewerbe und Industrie			Abfälle aus Haushalten und ähnlichen Einrichtungen	Gesamt
				Nicht gefährliche Abfälle			
			Gefährliche Abfälle	Bodenaushub, Baurestmassen, Bau- und Abbruchholz, Baustellenabfälle	Sonstige nicht gefährliche Abfälle		
495	54808	wäßrige Rückstände aus der Altölraffination					
496	54810	Abfallauge, mineralölhaltig	10				10
497	549	SONSTIGE ABFÄLLE VON MINERALÖLPRODUKTEN UND AUS DER ERDÖLVERARBEITUNG UND KOHLEVEREDLUNG					
498	54903	phenolhaltiger Schlamm	80				80
499	54904	mercaptanhaltiger Schlamm	< 10				< 10
500	54905	feste Anthracenrückstände	< 10				< 10
501	54906	feste naphtalinhaltige Rückstände			20		20
502	54907	feste phenolhaltige Rückstände	50				50
503	54910	Pech			20		20
504	54911	Bitumenkoks			20		20
505	54912	Bitumen, Asphalt					
506	54913	Teerrückstände	850				850
507	54915	Destillationsrückstände aus der Teerproduktion	< 10				< 10
508	54917	festes Dichtungsmaterial und Unterbodenschutzabfälle	175				175
509	54918	Phenolwasser	450				450
510	54919	Petrolkoks, Anodenausbruch			< 10		< 10
511	54923	cyanidhaltiger Schlamm	10				10
512	54924	sonstige Schlämme aus Kokereien und Gaswerken			2.300		2.300
513	54925	sonstige Schlämme aus der Petrochemie			25		25
514	54926	gebrauchte Ölbindematerialien	4.700				4.700
515	54927	ölverunreinigte Putzlappen	700				700
516	54928	gebrauchte Öl- und Luftfilter (mineralölhaltig)	6.000				6.000
517	54929	gebrauchte Ölgebinde	200				200
518	54930	feste fett- und ölverschmutzte Betriebsmittel (Werkstätten-, Industrie- und Tankstellenabfälle)	12.600				12.600
519	54932	Kältemittel auf Mineralölbasis	< 10				< 10
520	55	ABFÄLLE VON ORGANISCHEN LÖSEMITTELN, FARBEN, LACKEN, KLEBSTOFFEN, KITTEN UND HARZEN					
521	552	ABFÄLLE VON HALOGENHALTIGEN ORGANISCHEN LÖSEMITTELN UND LÖSEMITTELGEMISCHEN UND ANDEREN HALOGENIERTEN FLÜSSIGKEITEN (PCB-frei, PCT-frei)					
522	55201	Ethylenchlorid	< 10				< 10
523	55202	Chlorbenzole	< 10				< 10
524	55203	Chloroform	< 10				< 10
525	55205	fluorkohlenwasserstoffhaltige Kälte-, Treib- und Lösemittel	7.100				7.100
526	55206	Methylenchlorid	170				170
527	55207	Chlorphenole	< 10				< 10
528	55208	anchlorierte Paraffine	< 10				< 10
529	55209	Perchlorethylen (Per)	300				300
530	55210	Weichmacher, halogenfrei	10				10
531	55211	Tetrachlorkohlenstoff (Tetra)	< 10				< 10
532	55212	Trichlorethan	100				100
533	55213	Trichlorethylen (Tri)	80				80

Massenpotentiale - Bundes-Abfallwirtschaftsplan 1998 (Angaben in Tonnen)

Lfd. Nr.	SN	Abfallbezeichnungen gemäß ÖNORMEN S 2101 (1983) und S 2100 (1990)	Gewerbe und Industrie			Abfälle aus Haushalten und ähnlichen Einrichtungen	Gesamt
			Gefährliche Abfälle	Nicht gefährliche Abfälle			
				Bodenaushub, Baurestmassen, Bau- und Abbruchholz, Baustellenabfälle	Sonstige nicht gefährliche Abfälle		
534	55214	Kaltreiniger, halogenhaltig	10				10
535	55220	Lösemittelgemische, halogenhaltig	1.500				1.500
536	55223	sonstige halogenierte Lösemittel	15				15
537	55224	Lösemittel-Wasser-Gemische mit halogenierten Lösemitteln	100				100
538	553	ABFÄLLE VON HALOGENFREIEN ORGANISCHEN LÖSEMITTELN UND LÖSEMITTELGEMISCHEN					
539	55301	Aceton	140				140
540	55302	Ethylacetat	< 10				< 10
541	55303	Ethylenglykol	70				70
542	55304	Ethylglykol	10				10
543	55305	Ethylphenol	< 10				< 10
544	55306	Benzol	< 10				< 10
545	55307	Butylacetat	15				15
546	55308	Cyclohexanon	< 10				< 10
547	55309	Dekahydronaphthalin (Dekalin)	< 10				< 10
548	55310	Diethylether	< 10				< 10
549	55311	Dimethylformamid	45				45
550	55312	Dimethylsulfid	< 10				< 10
551	55313	Dimethylsulfoxid	< 10				< 10
552	55314	Dioxan	< 10				< 10
553	55315	Methanol	70				70
554	55316	Methylacetat	< 10				< 10
555	55317	Methylethylketon	20				20
556	55318	Methylisobutylketon	< 10				< 10
557	55320	Pyridin	< 10				< 10
558	55321	Schwefelkohlenstoff	< 10				< 10
559	55322	Tetrahydrofuran	< 10				< 10
560	55323	Tetrahydronaphthalin (Tetralin)	< 10				< 10
561	55324	Terpentinöl	< 10				< 10
562	55325	Toluol	< 10				< 10
563	55326	Waschbenzin, Petrolether, Ligroin	130				130
564	55327	Xylol	10				10
565	55351	Ethanol	80				80
566	55352	aliphatische Amine	50				50
567	55353	aromatische Amine	15				15
568	55354	Butanol	25				25
569	55355	Glycerin	< 10				< 10
570	55356	Glykolether	65				65
571	55357	Kaltreiniger, halogenfrei	50				50
572	55358	Kresole (Methylphenole)	< 10				< 10
573	55359	Nitroverdünnungen	700				700
574	55360	Petroleum	130				130
575	55361	Polyetheralkohole, wasserlöslich	40				40
576	55362	Propanol	10				10
577	55370	Lösemittelgemische, halogenfrei	6.800				6.800
578	55371	Kältemittel ohne halogenierte organische Bestandteile	< 10				< 10
579	55373	sonstige nicht halogenierte organische Lösemittel	100				100
580	55374	Lösemittel-Wasser-Gemische ohne halogenierte Lösemittel	2.500				2.500
581	554	LÖSEMITTELHALTIGE SCHLÄMME; BETRIEBSMITTEL UND WÄSSRIGE GEMISCHE					

Massenpotentiale - Bundes-Abfallwirtschaftsplan 1998 (Angaben in Tonnen)

Lfd. Nr.	SN	Abfallbezeichnungen gemäß ÖNORMEN S 2101 (1983) und S 2100 (1990)	Gewerbe und Industrie			Abfälle aus Haushalten und ähnlichen Einrichtungen	Gesamt
			Gefährliche Abfälle	Nicht gefährliche Abfälle			
				Bodenaushub, Baurestmassen, Bau- und Abbruchholz, Baustellenabfälle	Sonstige nicht gefährliche Abfälle		
582	55401	lösemittelhaltige Schlämme, halogenhaltig	600				600
583	55402	lösemittelhaltige Schlämme, halogenfrei	650				650
584	55403	lösemittelhaltige Betriebsmittel mit halogenierten organischen Bestandteilen	65				65
585	55404	lösemittelhaltige Betriebsmittel ohne halogenierte organische Bestandteile	400				400
586	555	ABFÄLLE VON FARBMITTELN UND ANSTRICHMITTELN					
587	55502	Altlacke, Altfarben, soferne lösemittel- oder schwermetallhaltig; ausgenommen voll ausgehärtete Reste in geleerten Gebinden	5.800				5.800
588	55503	Lack- und Farbschlamm	6.000				6.000
589	55507	Farbstoffrückstände, soferne lösemittel- oder schwermetallhaltig, ausgenommen voll ausgehärtete Reste in geleerten Gebinden	700				700
590	55508	Anstrichmittel, soferne lösemittel- oder schwermetallhaltig, ausgenommen voll ausgehärtete Reste in geleerten Gebinden	520				520
591	55509	Druckfarbenreste, Kopiertoner	500				500
592	55510	sonstige farb-, lack- und anstrichhhaltige Abfälle	3.000				3.000
593	55513	Altlacke, Altfarben ausgehärtet (auch ausgehärtete Reste in Gebinden)			15.500		15.500
594	559	ABFÄLLE VON KLEBSTOFFEN, KITTEN, NICHTAUSGEHÄRTETEN HARZEN					
595	55903	Harzrückstände, nicht ausgehärtet			600		600
596	55904	Harzöl	10				
597	55905	Leim- und Klebemittelabfälle, nicht ausgehärtet	1.200				
598	55906	Leim- und Klebemittelabfälle, ausgehärtet			250		250
599	55907	Kitt- und Spachtelabfälle, nicht ausgehärtet	40				40
600	55908	Kitt- und Spachtelabfälle, ausgehärtet			10		10
601	55909	Harzrückstände, ausgehärtet			50		50
602	57	KUNSTSTOFF-UND GUMMIABFÄLLE					
603	571	AUSGEHÄRTETE KUNSTSTOFFABFÄLLE			410.000		410.000
604	57101	Phenol- und Melaminharz			#		#
605	57102	Polyester			#		#
606	57103	sonstige Gießharze			#		#
607	57104	Imprägnierharz			#		#
608	57107	ausgehärtete Formmassen (Duroplast)			#		#
609	57108	Polystyrol, Polystrolschaum			#		#
610	57109	Hartpapier, Hartgewebe, Vulkanfiber			#		#
611	57110	Polyurethan, Polyurethanschaum			#		#
612	57111	Polyamid			#		#
613	57112	Hartschaum (ausgenommen solcher auf PVC-Basis)			#		#
614	57113	Kunstdarmabfälle			#		#
615	57115	Film- und Celluloidabfälle, Röntgenfilme			#		#

Massenpotentiale - Bundes-Abfallwirtschaftsplan 1998 (Angaben in Tonnen)

Lfd. Nr.	SN	Abfallbezeichnungen gemäß ÖNORMEN S 2101 (1983) und S 2100 (1990)	Gewerbe und Industrie			Abfälle aus Haushalten und ähnlichen Einrichtungen	Gesamt
				Nicht gefährliche Abfälle			
			Gefährliche Abfälle	Bodenaushub, Baurestmassen, Bau- und Abbruchholz, Baustellenabfälle	Sonstige nicht gefährliche Abfälle		
616	57116	PVC-Abfälle und Schäume auf PVC-Basis			#		#
617	57117	Kunstglas-, Polyacrylat- und Polycarbonatabfälle			#		#
618	57118	Kunststoffemballagen und -behältnisse			*70.000 t in SN 571*	*90.000 t in SN 571*	*160.000 t in SN 571*
619	57119	Kunststoffolien			#		#
620	57120	Polyvinylacetat			#		#
621	57121	Polyvinylalkoholabfälle			#		#
622	57122	Polyvinylacetal			#		#
623	57123	Epoxidharz			#		#
624	57124	Ionenaustauscherharze	20				20
625	57125	Ionenaustauscherharze mit anwendungsspezifischen, schädlichen Beimengungen	15				15
626	57126	fluorhaltige Kunststoffabfälle			#		#
627	57127	Kunststoffemballagen und -behältnisse mit schädlichen Restinhalten	5.500				5.500
628	57128	Polyolefinabfälle			#		#
629	57129	sonstige ausgehärtete Kunststoffabfälle			#		#
630	572	ABFÄLLE VON NICHT AUSGEHÄRTETEN KUNSTSTOFFABFÄLLEN, -FORMMASSEN UND -KOMPONENTEN			24.280		24.280
631	57201	halogenhaltige Additive und Weichmacher	40				40
632	57202	Fabrikationsrückstände aus der Kunststoffherstellung und -verarbeitung	300				300
633	57203	Weichmacher ohne halogenierte organische Bestandteile			20		20
634	573	KUNSTSTOFFSCHLÄMME UND -EMULSIONEN			15.100		15.100
635	57301	Kunststoffschlamm, lösemittelfrei			550		550
636	57303	Kunststoffdispersion (auf Wasserbasis)			550		550
637	57304	Kunststoffemulsionen			90		90
638	57305	Kunststoffschlämme, soferne sie überwachungsbedürftige Lösemittel enthalten	150				150
639	57306	Kunststoffschlämme, halogenhaltig	120				120
640	575	FESTE GUMMIABFÄLLE (EINSCHLIESSLICH ALTREIFEN)			5.000		5.000
641	57501	Gummi			6.900		6.900
642	57502	Altreifen und Altreifenschnitzel			45.000		45.000
643	57503	Gummi-Asbest, asbesthaltige Bremsbeläge			< 10		< 10
644	57504	Gummi-Metall			50		50
645	57505	Latexschaumabfälle			150		150
646	57506	Gummimehl, Gummistaub			60		60
647	57507	Gummigranulat			100		100
648	577	GUMMISCHLÄMME UND -EMULSIONEN			80.000		80.000
649	57702	Latex-Schlamm, verfestigt			170		170
650	57703	Latex-Emulsionen			100		100
651	57704	Kautschuklösungen			< 10		< 10
652	57705	Gummischlamm, lösemittelfrei			< 10		< 10
653	57706	Gummischlamm, lösemittelhaltig	< 10				< 10

Massenpotentiale - Bundes-Abfallwirtschaftsplan 1998 (Angaben in Tonnen)

Lfd. Nr.	SN	Abfallbezeichnungen gemäß ÖNORMEN S 2101 (1983) und S 2100 (1990)	Gewerbe und Industrie			Abfälle aus Haushalten und ähnlichen Einrichtungen	Gesamt
			Gefährliche Abfälle	Nicht gefährliche Abfälle			
				Bodenaushub, Baurestmassen, Bau- und Abbruchholz, Baustellenabfälle	Sonstige nicht gefährliche Abfälle		
654	578	SHREDDERRÜCKSTÄNDE					
655	57801	Shredderrückstände (Leichtfraktion)			60.000		60.000
656	57802	Filterstäube aus Shredderanlagen					
657	58	TEXTILABFÄLLE (NATUR- UND CHEMIEFASERPRODUKTE)					
658	581	TEXTILABFÄLLE UND SCHLÄMME			10.000		10.000
659	58101	Polyamidfasern			#		#
660	58102	Polyesterfasern			#		#
661	58103	Polyacrylfasern			#		#
662	58104	Cellulosefasern			#		#
663	58105	Wolle			#		#
664	58106	Pflanzenfasern			470		470
665	58107	Stoff- und Gewebereste, Altkleider			12.000	18.000	30.000
666	58114	Schlamm aus Tuchfabriken			#		#
667	58115	Schlamm aus Textilfärbereien			#		#
668	58116	Schlamm aus der Textilausrüstung			#		#
669	58117	Schlamm aus Wollwäschereien			#		#
670	58118	Wäschereischlamm			#		#
671	58119	Filtertücher und -säcke, chemisch verunreinigt, soferne mit anderen überwachungsbedürftigen Sonderabfällen belastet	50				50
672	582	TEXTILIEN, VERUNREINIGT					
673	58201	Filtertücher, Filtersäcke mit anwendungsspezifischen schädlichen Beimengungen, vorwiegend organisch	230				230
674	58202	Filtertücher, Filtersäcke mit anwendungsspezifischen schädlichen Beimengungen, vorwiegend anorganisch	70				70
675	58203	textiles Verpackungsmaterial mit anwendungsspezifischen schädlichen Beimengungen, vorwiegend organisch	< 10				< 10
676	58204	textiles Verpackungsmaterial mit anwendungsspezifischen schädlichen Beimengungen vorwiegend anorganisch	< 10				< 10
677	58205	Polierwolle und Polierfilze mit anwendungsspezifischen schädlichen Verunreinigungen	60				60
678	58208	Filtertücher, Filtersäcke mit anwendungsspezifischen nicht schädlichen Beimengungen			15		15
679	59	ANDERE ABFÄLLE CHEMISCHER UMWANDLUNGS- UND SYNTHESEPRODUKTE					
680	591	ABFÄLLE VON EXPLOSIVSTOFFEN					
681	59101	pyrotechnische Abfälle	< 10				< 10
682	59102	Sprengstoff- und Munitionsabfälle	< 10				< 10
683	59103	mehrfach nitrierte organische Chemikalien	< 10				< 10
684	593	LABORABFÄLLE UND CHEMIKALIENRESTE					
685	59305	Laborabfälle und Chemikalienreste, soferne sie überwachungsbedürftige Sonderabfälle enthalten	2.500				2.500
686	594	DETERGENTIEN- UND WASCHMITTELABFÄLLE					

Massenpotentiale - Bundes-Abfallwirtschaftsplan 1998 (Angaben in Tonnen)

Lfd. Nr.	SN	Abfallbezeichnungen gemäß ÖNORMEN S 2101 (1983) und S 2100 (1990)	Gewerbe und Industrie			Abfälle aus Haushalten und ähnlichen Einrichtungen	Gesamt
			Gefährliche Abfälle	Nicht gefährliche Abfälle			
				Bodenaushub, Baurestmassen, Bau- und Abbruchholz, Baustellenabfälle	Sonstige nicht gefährliche Abfälle		
687	59401	Fabrikationsrückstände aus der Waschmittelherstellung			100		100
688	59402	flüssige Tenside			85		85
689	59403	feste Tenside			< 10		< 10
690	59404	Sulfoseifen, Sulfosäuren	20				20
691	59405	Reinigungs- und Spezialwaschmittelabfälle, soferne es sich um industriell bzw. gewerblich eingesetzte Spezialreinigungsmittel handelt, oder wenn sie wassergefährdend, ätzend oder brennbar sind	500				500
692	595	KATALYSATOREN					
693	59507	Katalysatoren, soferne sie toxisch, schwermetallhaltig, wassergefährdend, brennbar, explosiv und ätzend sind	200				200
694	598	ABFÄLLE VON GEFASSTEN GASEN					
695	59801	Gase in Patronen			< 10		< 10
696	59802	Gase in Stahldruckflaschen			20		20
697	59803	Druckgaspackungen (Spraydosen) mit mehr als 45 % Masseanteil an brennbarem Inhalt	300				300
698	59804	Druckgaspackungen (Spraydosen) mit weniger als 45 % Masseanteil an brennbarem Inhalt oder mit weniger als 250 g brennbaren Stoffen sowie mit chemisch instabilen Stoffen	100				100
699	599	SONSTIGE ABFÄLLE AUS UMWANDLUNGSPROZESSEN UND SYNTHESEPROZESSEN					
700	59901	Polychlorierte Biphenyle und Terphenyle (PCB, PCT), ausgenommen Abfälle der Schlüssel-Nr. 54107	15				15
701	59904	organische Peroxide	< 10				< 10
702	59906	Industriekehricht, nicht öl- oder chemikalienverunreinigt			13.000		13.000
703	71	RADIOAKTIVE ABFÄLLE					
704	711	RADIOAKTIVE ABFÄLLE					
705	71101	radioaktive Abfälle					
706	91	FESTE SIEDLUNGSABFÄLLE EINSCHLIESSLICH ÄHNLICHER GEWERBEABFÄLLE					
707	911	HAUSMÜLL					
708	91101	Hausmüll und hausmüllähnliche Gewerbeabfälle (Restmüll)				1.291.000	1.291.000
709	91102	Rückstände aus der biologischen Abfallbehandlung					
710	91103	Rückstände aus der mechanischen Abfallaufbereitung					
711	91104	biogene Abfallstoffe, getrennt gesammelt				360.000	360.000
712		Sonstige Abfälle aus Haushalten und ähnlichen Einrichtungen				23.000	23.000
713	912	HAUSMÜLLÄHNLICHE GEWERBEABFÄLLE					
714	91201	Verpackungsmaterial und Kartonagen					
715	91202	Küchen- und Kantinenabfälle			60.000		60.000
716	91206	Baustellenabfälle (kein Bauschutt)		1.100.000			1.100.000
717	914	SPERRMÜLL					

Massenpotentiale - Bundes-Abfallwirtschaftsplan 1998 (Angaben in Tonnen)

Lfd. Nr.	SN	Abfallbezeichnungen gemäß ÖNORMEN S 2101 (1983) und S 2100 (1990)	Gewerbe und Industrie			Abfälle aus Haushalten und ähnlichen Einrichtungen	Gesamt
			Gefährliche Abfälle	Nicht gefährliche Abfälle			
				Bodenaushub, Baurestmassen, Bau- und Abbruchholz, Baustellenabfälle	Sonstige nicht gefährliche Abfälle		
718	91401	Sperrmüll				221.000	221.000
719	915	STRASSENKEHRICHT					
720	91501	Straßenkehricht			200.000		200.000
721	916	MARKTABFÄLLE					
722	91601	Viktualienmarkt-Abfälle			14.500		14.500
723	917	GRÜNABFÄLLE			300.000		300.000
724	91701	Garten- und Parkabfälle			620.000		620.000
725	91702	Friedhofsabfälle			200.000		200.000
726	94	ABFÄLLE AUS WASSERAUFBEREITUNG, ABWASSERBEHANDLUNG UND GEWÄSSERNUTZUNG					
727	941	SCHLÄMME AUS DER WASSERAUFBEREITUNG					
728	94101	Sedimentationsschlamm			17.000		17.000
729	94102	Schlamm aus der Wasserenthärtung			100		100
730	94103	Schlamm aus der Eisenfällung			700		700
731	94104	Schlamm aus der Manganfällung			< 10		< 10
732	94105	Schlamm aus der Kesselwasseraufbereitung			70		70
733	94106	Schlamm aus der Dampfkesselreinigung			25		25
734	94107	Kesselabschlamm			45		45
735	943	NICHTSTABILISIERTE SCHLÄMME AUS MECHANISCH-BIOLOGISCHER ABWASSERBEHANDLUNG, SOWEIT SIE NICHT IN ANDEREN POSITIONEN ENTHALTEN SIND (ROHSCHLAMM, FRISCHSCHLAMM)					
736	94301	Vorklärschlamm			50		50
737	94302	Überschußschlamm aus der biologischen Abwasserbehandlung			< 10		< 10
738	94303	Fäkalschlamm aus Hauskläranlagen und Sammelgruben			1.000.000		1.000.000
739	945	STABILISIERTE SCHLÄMME AUS MECHANISCH-BIOLOGISCHER ABWASSERBEHANDLUNG, SOWEIT SIE NICHT IN ANDEREN POSITIONEN ENTHALTEN SIND (30 % TS)			560.000		560.000
740	94501	anaerob stabilisierter Schlamm (Faulschlamm)			#		#
741	94502	aerob stabilisierter Schlamm			#		#
742	947	RÜCKSTÄNDE AUS DER KANALISATION UND ABWASSERBEHANDLUNG (AUSGENOMMEN SCHLÄMME)					
743	94701	Rechengut			40.000		40.000
744	94702	Rückstände aus der Kanalreinigung	600				600
745	94704	Sandfanginhalte			30.000		30.000
746	94705	Inhalte aus Fettfängen (Öl- und Fettabscheidern)			1.000		1.000
747	948	SCHLÄMME AUS DER ABWASSERBEHANDLUNG (30 % TS)			615.000		615.000
748	94801	Schlamm aus der Abwasserbehandlung, soweit er nicht in anderen Positionen enthalten ist			#		#

Massenpotentiale - Bundes-Abfallwirtschaftsplan 1998 (Angaben in Tonnen)

Lfd. Nr.	SN	Abfallbezeichnungen gemäß ÖNORMEN S 2101 (1983) und S 2100 (1990)	Gewerbe und Industrie			Abfälle aus Haushalten und ähnlichen Einrichtungen	Gesamt
			Gefährliche Abfälle	Nicht gefährliche Abfälle: Bodenaushub, Baurestmassen, Bau- und Abbruchholz, Baustellenabfälle	Nicht gefährliche Abfälle: Sonstige nicht gefährliche Abfälle		
749	94802	Schlamm aus der mechanischen Abwasserbehandlung der Zellstoff- und Papierherstellung			#		#
750	94803	Schlamm aus der biologischen Abwasserbehandlung der Zellstoff- und Papierherstellung			#		#
751	949	ABFÄLLE AUS DER GEWÄSSERNUTZUNG					
752	94901	Rückstände aus der Gewässerreinigung (Bachabkehr-, Abmäh- und Abfischgut)			20.000		20.000
753	94902	Rechengut aus Rechenanlagen von Kraftwerken			12.000		12.000
754	95	FLÜSSIGE ABFÄLLE AUS ABFALLBEHANDLUNGSANLAGEN					
755	951	FÄKALIEN AUS SAMMELGRUBEN					
756	95101	Fäkalien			300		300
757	953	DEPONIESICKERWASSER					
758	95301	Sickerwasser aus Abfalldeponien	1.000				1.000
759	954	FLÜSSIGE ABFÄLLE AUS DER THERMISCHEN ABFALLBEHANDLUNG UND AUS FEUERUNGSANLAGEN					
760	95401	Wasch- und Prozeßwässer			140		140
761	95402	Wasser aus Naßentschlackung					
762	95403	Rückstände aus rauchgasseitigen Kesselreinigung					
763	97	ABFÄLLE AUS DEM MEDIZINISCHEN BEREICH					
764	971	ABFÄLLE AUS DEM MEDIZINISCHEN BEREICH					
765	97101	Abfälle, die innerhalb und außerhalb des medizinischen Bereiches eine Gefahr darstellen können, z.B. infektiöser Abfall gemäß ÖNORM S 2104	3.100				3.100
766	97102	desinfizierte Abfälle, außer gefährliche Abfälle gemäß ÖNORM S 2101			260		260
767	97103	Körperteile und Organabfälle	< 10				< 10
768	97104	Abfälle, die nur innerhalb des medizinischen Bereiches eine Infektions- oder Verletzungsgefahr darstellen können, gemäß ÖNORM S 2104			20.000		20.000
769	97105	Kanülen und sonstige verletzungsgefährdende spitze oder scharfe Gegenstände, wie Lanzetten, Skalpelle u. dgl. gemäß ÖNORM S 2104					
770	99	SONSTIGE SIEDLUNGSABFÄLLE EINSCHLIESSLICH ÄHNLICHER GEWERBEABFÄLLE					
771	991	SONSTIGE SIEDLUNGSABFÄLLE EINSCHLIESSLICH ÄHNLICHER GEWERBEABFÄLLE					
772	99102	Moorschlamm und Heilerde			< 10		< 10
773		*Problemstoffe*				24.000	24.000
774		*Nicht näher spezifizierte betriebliche Abfälle*			755.205		755.205
		Summen	**757.160**	**26.603.000**	**16.350.336**	**2.775.000**	**46.485.496**

#: Masse in der Abfalluntergruppe enthalten

Anhang I/2

Massenangaben für nicht gefährliche Abfälle auf Grundlage von Branchenkonzepten

- gegliedert nach Abfallgruppen gemäß ÖNORM S 2100 (1990)
- gegliedert nach Abfalluntergruppen gemäß ÖNORM S 2100 (1990)
- gegliedert nach Abfallschlüsselnummern gemäß ÖNORMEN S 2101 (1983) und S 2100 (1990)

Nicht gefährliche Abfälle gemäß Branchenkonzepte, gegliedert nach Abfallgruppen (Angaben in Tonnen)

Lfd. Nr.	SN	Abfallbezeichnungen der ÖNORM S 2100 (1990)	BK Nahrungs- und Genußmittel	BK Landwirtschaft	BK Lederabfälle	BK Papier- u. Zellstoffindustrie	BK Holzabfälle	BK Textilabfälle	BK Gießereiabfälle	BK Lackabfälle	BK Medizinische Abfälle	Eisen- u. Stahlindustrie	Kunststoff-studie	Summer der Branchen
1	11	NAHRUNGS- UND GENUSSMITTELABFÄLLE	507.600	3.271.000	,	,	,	,	,	,	,	,	,	3.778.600
2	12	ABFÄLLE PFLANZLICHER UND TIERISCHER FETTERZEUGNISSE	189.600	27.000	,	,	,	,	,	,	,	,	,	216.600
3	13	ABFÄLLE AUS DER TIERHALTUNG UND SCHLACHTUNG	44.100	35.000.000	,	,	,	,	,	,	,	,	,	35.044.100
4	14	HÄUTE UND LEDERABFÄLLE	,	,	127.430	,	,	,	,	,	,	,	,	127.430
5	17	HOLZABFÄLLE	2.000	,	,	0	3.502.400	,	,	,	,	,	,	3.504.400
6	18	ZELLULOSE-, PAPIER- UND PAPPEABFÄLLE	14.000	2.585	,	178.150	,	,	,	,	3.800	,	,	198.535
7	19	ANDERE ABFÄLLE AUS DER VERARBEITUNG UND VEREDELUNG TIERISCHER UND PFLANZLICHER PRODUKTE	,	89.910	,	,	,	,	,	,	,	,	,	89.910
8	31	ABFÄLLE MINERALISCHEN URSPRUNGS (OHNE METALLABFÄLLE)	394.200	,	,	204.243	,	,	101.651	,	8.300	2.521.650	,	3.230.044
9	35	METALLABFÄLLE	4.000	110	,	5.430	,	,	192	,	,	1.313.150	,	1.322.882
10	39	ANDERE ABFÄLLE MINERALISCHEN URSPRUNGS SOWIE ABFÄLLE VON VEREDELUNGSPRODUKTEN	,	,	,	,	,	,	,	,	,	,	,	,
11	51	OXIDE, HYDROXIDE, SALZABFÄLLE	,	,	,	,	,	,	,	,	,	27.000	,	27.000
12	52	ABFÄLLE VON SÄUREN, LAUGEN, KONZENTRATEN	,	,	,	,	,	,	,	,	,	,	,	,
13	53	ABFÄLLE VON PFLANZENBEHANDLUNGS- UND SCHÄDLINGSBEKÄMPFUNGSMITTELN SOWIE VON PHARMAZEUTISCHEN ERZEUGNISSEN UND DESINFEKTIONSMITTELN	,	,	,	,	,	,	,	,	,	,	,	,
14	54	ABFÄLLE VON MINERALÖL- UND KOHLEVEREDLUNGSPRODUKTEN	,	6.375	,	,	,	,	,	,	,	2.300	,	8.675
15	55	ABFÄLLE VON ORGANISCHEN LÖSEMITTELN, FARBEN, LACKEN, KLEBSTOFFEN, KITTEN UND HARZEN	60	,	,	,	,	,	22	15.500	,	,	,	15.582
16	57	KUNSTSTOFF-UND GUMMIABFÄLLE	4.400	8.375	,	,	,	,	47	,	,	,	647.619	660.441
17	58	TEXTILABFÄLLE (NATUR- UND CHEMIEFASERPRODUKTE)	500	1.722	,	,	,	8.077	,	,	,	,	,	10.299
18	59	ANDERE ABFÄLLE CHEMISCHER UMWANDLUNGS- UND SYNTHESEPRODUKTE	15	,	,	,	,	,	,	,	,	,	,	15
19	71	RADIOAKTIVE ABFÄLLE	,	,	,	,	,	,	,	,	37	,	,	37
20	91	FESTE SIEDLUNGSABFÄLLE EINSCHLIESSLICH ÄHNLICHER GEWERBEABFÄLLE	24.500	,	,	8.312	,	,	198	,	60.500	,	,	93.510

Nicht gefährliche Abfälle gemäß Branchenkonzepte, gegliedert nach Abfallgruppen (Angaben in Tonnen)

Lfd. Nr.	SN	Abfallbezeichnungen der ÖNORM S 2100 (1990)	BK Nahrungs- und Genußmittel	BK Landwirtschaft	BK Lederabfälle	BK Papier- u. Zellstoffindustrie	BK Holzabfälle	BK Textilabfälle	BK Gießereiabfälle	BK Lackabfälle	BK Medizinische Abfälle	Eisen- u. Stahlindustrie	Kunststoff-studie	Summer der Branchen
21	94	ABFÄLLE AUS WASSERAUFBEREITUNG, ABWASSERBEHANDLUNG UND GEWÄSSERNUTZUNG	12.700	.	.	314.701	.	.	.	.	.	6.907	.	334.308
22	95	FLÜSSIGE ABFÄLLE AUS ABFALLBEHANDLUNGSANLAGEN	.	.	.	.	.	.	.	.	.	.	.	.
23	97	ABFÄLLE AUS DEM MEDIZINISCHEN BEREICH	.	.	.	.	.	.	.	.	.	.	.	.
24	99	SONSTIGE SIEDLUNGSABFÄLLE EINSCHLIESSLICH ÄHNLICHER GEWERBEABFÄLLE	.	.	.	.	.	.	.	.	.	.	.	.
		Summe	**1.197.675**	**38.407.077**	**127.430**	**710.836**	**3.502.400**	**8.077**	**102.110**	**15.500**	**72.637**	**3.871.007**	**647.619**	**48.662.368**

Quellen: Branchenkonzepte

Nicht gefährliche Abfälle gemäß Branchenkonzepte, gegliedert nach Abfalluntergruppen (Angaben in Tonnen)

Lfd. Nr.	SN	Abfallbezeichnungen der ÖNORM S 2100 (1990)	BK Nahrungs- und Genußmittel	BK Landwirtschaft	BK Lederabfälle	BK Papier- u. Zellstoffindustrie	BK Holzabfälle	BK Textilabfälle	BK Gießereiabfälle	BK Lackabfälle	BK Medizinische Abfälle	Eisen- u. Stahlindustrie	Kunststoff-studie	Summe der Branchen
1	111	ABFÄLLE AUS DER NAHRUNGSMITTELPRODUKTION	290.200	3.100.000	.	.	.	.	.	.	.	.	.	3.390.200
2	114	ABFÄLLE AUS DER GENUSSMITTELPRODUKTION	216.700	56.000	.	.	.	.	.	.	.	.	.	272.700
3	117	ABFÄLLE AUS DER FUTTERMITTELPRODUKTION	700	115.000	.	.	.	.	.	.	.	.	.	115.700
4	121	ABFÄLLE AUS DER PRODUKTION PFLANZLICHER UND TIERISCHER ÖLE	85.000	.	.	.	.	.	.	.	.	.	.	85.000
5	123	ABFÄLLE AUS DER PRODUKTION PFLANZLICHER UND TIERISCHER FETTE UND WACHSE	1.500	.	.	.	.	.	.	.	.	.	.	1.500
6	125	EMULSIONEN UND GEMISCHE MIT PFLANZLICHEN UND TIERISCHEN FETTPRODUKTEN	100.000	27.000	.	.	.	.	.	.	.	.	.	127.000
7	126	PRODUKTE AUS PFLANZENÖLEN	.	.	.	.	.	.	.	.	.	.	.	.
8	127	SCHLÄMME AUS DER PRODUKTION PFLANZLICHER UND TIERISCHER FETTE	.	.	.	.	.	.	.	.	.	.	.	.
9	129	RAFFINATIONSRÜCKSTÄNDE AUS DER VERARBEITUNG PFLANZLICHER UND TIERISCHER FETTE	3.100	.	.	.	.	.	.	.	.	.	.	3.100
10	131	SCHLACHTABFÄLLE	44.100	.	.	.	.	.	.	.	.	.	.	44.100
11	134	TIERKÖRPER	.	.	.	.	.	.	.	.	.	.	.	.
12	137	TIERISCHE FÄKALIEN	.	35.000.000	.	.	.	.	.	.	.	.	.	35.000.000
13	141	ABFÄLLE VON HÄUTEN UND FELLEN	.	.	92.500	.	.	.	.	.	.	.	.	92.500
14	144	ABFÄLLE AUS GERBEREIEN (AUSGENOMMEN LEDERCHEMIKALIEN)	.	.	21.000	.	.	.	.	.	.	.	.	21.000
15	147	LEDERABFÄLLE	.	.	13.930	.	.	.	.	.	.	.	.	13.930
16	171	HOLZABFÄLLE AUS DER BE- UND VERARBEITUNG	2.000	.	.	0	3.113.000	.	.	.	.	.	.	3.115.000
17	172	HOLZABFÄLLE AUS DER ANWENDUNG	.	.	.	.	389.400	.	.	.	.	.	.	389.400
18	181	ABFÄLLE AUS DER ZELLSTOFFHERSTELLUNG	.	.	.	66.300	.	.	.	.	.	.	.	66.300
19	184	ABFÄLLE AUS DER ZELLULOSEVERARBEITUNG	.	.	.	105.900	.	.	.	.	.	.	.	105.900
20	187	PAPIER- UND PAPPEABFÄLLE	14.000	2.585	.	5.950	.	.	.	.	3.800	.	.	26.335
21	199	ANDERE ABFÄLLE AUS DER VERARBEITUNG UND VEREDELUNG TIERISCHER UND PFLANZLICHER PRODUKTE	.	89.910	.	.	.	.	.	.	.	.	.	89.910
22	311	OFENAUSBRÜCHE, HÜTTEN- UND GIESSEREISCHUTT	.	.	.	.	.	.	3.954	.	.	450	.	4.404
23	312	METALLURGISCHE SCHLACKEN, KRÄTZEN, STÄUBE	.	.	.	.	.	.	11.869	.	.	2.175.000	.	2.186.869
24	313	ASCHEN, SCHLACKEN UND STÄUBE AUS DER THERMISCHEN ABFALLBEHANDLUNG UND AUS FEUERUNGSANLAGEN	.	.	.	180.319	.	.	.	.	.	.	.	180.319
25	314	SONSTIGE FESTE MINERALISCHE ABFÄLLE	10.200	.	.	23.924	.	.	81.021	.	8.300	344.400	.	467.845

Nicht gefährliche Abfälle gemäß Branchenkonzepte, gegliedert nach Abfalluntergruppen (Angaben in Tonnen)

Lfd. Nr.	SN	Abfallbezeichnungen der ÖNORM S 2100 (1990)	BK Nahrungs- und Genußmittel	BK Landwirtschaft	BK Lederabfälle	BK Papier- u. Zellstoffindustrie	BK Holzabfälle	BK Textilabfälle	BK Gießereiabfälle	BK Lackabfälle	BK Medizinische Abfälle	Eisen- u. Stahlindustrie	Kunststoff-studie	Summe der Branchen
26	316	MINERALISCHE SCHLÄMME	384.000	.	.	.	.	.	4.807	.	.	1.800	.	390.607
27	351	EISEN- UND STAHLABFÄLLE	3.200	110	.	5.430	.	.	171	.	.	1.313.150	.	1.322.061
28	353	NE-METALLABFÄLLE	800	.	.	.	.	.	.	.	.	.	.	800
29	355	METALLSCHLÄMME	.	.	.	.	.	.	21	.	.	.	.	21
30	399	ANDERE ABFÄLLE MINERALISCHEN URSPRUNGS SOWIE ABFÄLLE VON VEREDELUNGSPRODUKTEN	.	.	.	.	.	.	.	.	.	.	.	.
31	511	GALVANIKSCHLÄMME	.	.	.	.	.	.	.	.	.	.	.	.
32	513	SONSTIGE OXIDE UND HYDROXIDE	.	.	.	.	.	.	.	.	.	2.000	.	2.000
33	515	SALZABFÄLLE	.	.	.	.	.	.	.	.	.	25.000	.	25.000
34	521	SÄUREN, ANORGANISCH	.	.	.	.	.	.	.	.	.	.	.	.
35	522	SÄUREN, ORGANISCH	.	.	.	.	.	.	.	.	.	.	.	.
36	524	LAUGEN	.	.	.	.	.	.	.	.	.	.	.	.
37	527	KONZENTRATE	.	.	.	.	.	.	.	.	.	.	.	.
38	531	ABFÄLLE VON PFLANZENBEHANDLUNGS- UND SCHÄDLINGSBEKÄMPFUNGSMITTELN	.	.	.	.	.	.	.	.	.	.	.	.
39	533	ABFÄLLE VON KÖRPERPFLEGEMITTELN	.	.	.	.	.	.	.	.	.	.	.	.
40	535	ABFÄLLE VON ARZNEIMITTELERZEUGNISSEN	.	.	.	.	.	.	.	.	.	.	.	.
41	541	ABFÄLLE VON MINERALÖLEN UND SYNTHETISCHEN ÖLEN	.	6.375	.	.	.	.	.	.	.	.	.	6.375
42	542	ABFÄLLE VON FETTEN UND WACHSEN AUS MINERALÖL	.	.	.	.	.	.	.	.	.	.	.	.
43	544	ABFÄLLE VON EMULSIONEN UND GEMISCHEN VON MINERALÖLPRODUKTEN	.	.	.	.	.	.	.	.	.	.	.	.
44	545	RÜCKSTÄNDE AUS DER ERDÖLFÖRDERUNG	.	.	.	.	.	.	.	.	.	.	.	.
45	547	MINERALÖLSCHLÄMME	.	.	.	.	.	.	.	.	.	.	.	.
46	548	RÜCKSTÄNDE AUS MINERALÖLRAFFINERIEN	.	.	.	.	.	.	.	.	.	.	.	.
47	549	SONSTIGE ABFÄLLE VON MINERALÖLPRODUKTEN UND AUS DER ERDÖLVERARBEITUNG UND KOHLEVEREDLUNG	.	.	.	.	.	.	.	.	.	2.300	.	2.300
48	552	ABFÄLLE VON HALOGENHALTIGEN ORGANISCHEN LÖSEMITTELN UND LÖSEMITTELGEMISCHEN UND ANDEREN HALOGENIERTEN FLÜSSIGKEITEN (PCB-frei, PCT-frei)	60	.	.	.	.	.	.	.	.	.	.	60
49	553	ABFÄLLE VON HALOGENFREIEN ORGANISCHEN LÖSEMITTELN UND LÖSEMITTELGEMISCHEN	.	.	.	.	.	.	.	.	.	.	.	.
50	554	LÖSEMITTELHALTIGE SCHLÄMME; BETRIEBSMITTEL UND WÄSSRIGE GEMISCHE	.	.	.	.	.	.	.	.	.	.	.	.
51	555	ABFÄLLE VON FARBMITTELN UND ANSTRICHMITTELN	.	.	.	.	.	.	.	15.500	.	.	.	15.500

Nicht gefährliche Abfälle gemäß Branchenkonzepte, gegliedert nach Abfalluntergruppen (Angaben in Tonnen)

Lfd. Nr.	SN	Abfallbezeichnungen der ÖNORM S 2100 (1990)	BK Nahrungs- und Genußmittel	BK Landwirtschaft	BK Lederabfälle	BK Papier- u. Zellstoffindustrie	BK Holzabfälle	BK Textilabfälle	BK Gießereiabfälle	BK Lackabfälle	BK Medizinische Abfälle	Eisen- u. Stahlindustrie	Kunststoff-studie	Summe der Branchen
52	559	ABFÄLLE VON KLEBSTOFFEN, KITTEN, NICHTAUSGEHÄRTETEN HARZEN	,	,	,	,	,	,	22	,	,	,	,	22
53	571	AUSGEHÄRTETE KUNSTSTOFFABFÄLLE	4.400	3.875	,	,	,	,	47	,	,	,	410.000	418.322
54	572	ABFÄLLE VON NICHT AUSGEHÄRTETEN KUNSTSTOFFABFÄLLEN, -FORMMASSEN UND -KOMPONENTEN	,	,	,	,	,	,	,	,	,	,	24.300	24.300
55	573	KUNSTSTOFFSCHLÄMME UND -EMULSIONEN	,	,	,	,	,	,	,	,	,	,	15.970	15.970
56	575	FESTE GUMMIABFÄLLE (EINSCHLIESSLICH ALTREIFEN)	,	4.500	,	,	,	,	,	,	,	,	57.208	61.708
57	577	GUMMISCHLÄMME UND -EMULSIONEN	,	,	,	,	,	,	,	,	,	,	80.141	80.141
58	578	SHREDDERRÜCKSTÄNDE	,	,	,	,	,	,	,	,	,	,	60.000	60.000
59	581	TEXTILABFÄLLE UND SCHLÄMME	500	1.722	,	,	,	8.077	,	,	,	,	,	10.299
60	582	TEXTILIEN, VERUNREINIGT	,	,	,	,	,	,	,	,	,	,	,	,
61	591	ABFÄLLE VON EXPLOSIVSTOFFEN	15	,	,	,	,	,	,	,	,	,	,	15
62	593	LABORABFÄLLE UND CHEMIKALIENRESTE	,	,	,	,	,	,	,	,	,	,	,	,
63	594	DETERGENTIEN- UND WASCHMITTELABFÄLLE	,	,	,	,	,	,	,	,	,	,	,	,
64	595	KATALYSATOREN	,	,	,	,	,	,	,	,	,	,	,	,
65	598	ABFÄLLE VON GEFASSTEN GASEN	,	,	,	,	,	,	,	,	,	,	,	,
66	599	SONSTIGE ABFÄLLE AUS UMWANDLUNGSPROZESSEN UND SYNTHESEPROZESSEN	,	,	,	,	,	,	,	,	,	,	,	,
67	711	RADIOAKTIVE ABFÄLLE	,	,	,	,	,	,	,	,	37	,	,	37
68	911	HAUSMÜLL	,	,	,	,	,	,	,	,	,	,	,	,
69	912	HAUSMÜLLÄHNLICHE GEWERBEABFÄLLE	24.500	,	,	8.312	,	,	198	,	54.500	,	,	87.510
70	914	SPERRMÜLL	,	,	,	,	,	,	,	,	,	,	,	,
71	915	STRASSENKEHRICHT	,	,	,	,	,	,	,	,	,	,	,	,
72	916	MARKTABFÄLLE	,	,	,	,	,	,	,	,	,	,	,	,
73	917	GRÜNABFÄLLE	,	,	,	,	,	,	,	,	6.000	,	,	6.000
74	941	SCHLÄMME AUS DER WASSERAUFBEREITUNG	,	,	,	,	,	,	,	,	,	,	,	,
75	943	NICHTSTABILISIERTE SCHLÄMME AUS MECHANISCH-BIOLOGISCHER ABWASSERBEHANDLUNG, SOWEIT SIE NICHT IN ANDEREN POSITIONEN ENTHALTEN SIND (ROHSCHLAMM, FRISCHSCHLAMM)	,	,	,	,	,	,	,	,	,	,	,	,
76	945	STABILISIERTE SCHLÄMME AUS MECHANISCH-BIOLOGISCHER ABWASSERBEHANDLUNG, SOWEIT SIE NICHT IN ANDEREN POSITIONEN ENTHALTEN SIND	,	,	,	,	,	,	,	,	,	,	,	,

Nicht gefährliche Abfälle gemäß Branchenkonzepte, gegliedert nach Abfalluntergruppen (Angaben in Tonnen)

Lfd. Nr.	SN	Abfallbezeichnungen der ÖNORM S 2100 (1990)	BK Nahrungs- und Genußmittel	BK Landwirtschaft	BK Lederabfälle	BK Papier- u. Zellstoffindustrie	BK Holzabfälle	BK Textilabfälle	BK Gießereiabfälle	BK Lackabfälle	BK Medizinische Abfälle	Eisen- u. Stahlindustrie	Kunststoff-studie	Summe der Branchen
77	947	RÜCKSTÄNDE AUS DER KANALISATION UND ABWASSERBEHANDLUNG (AUSGENOMMEN SCHLÄMME)	,	,	,	,	,	,	,	,	,	,	,	,
78	948	SCHLÄMME AUS DER ABWASSERBEHANDLUNG	12.700	,	,	314.701	,	,	,	,	,	6.907	,	334.308
79	949	ABFÄLLE AUS DER GEWÄSSERNUTZUNG	,	,	,	,	,	,	,	,	,	,	,	,
80	951	FÄKALIEN AUS SAMMELGRUBEN	,	,	,	,	,	,	,	,	,	,	,	,
81	953	DEPONIESICKERWASSER	,	,	,	,	,	,	,	,	,	,	,	,
82	954	FLÜSSIGE ABFÄLLE AUS DER THERMISCHEN ABFALLBEHANDLUNG UND AUS FEUERUNGSANLAGEN	,	,	,	,	,	,	,	,	,	,	,	,
83	971	ABFÄLLE AUS DEM MEDIZINISCHEN BEREICH	,	,	,	,	,	,	,	,	,	,	,	,
84	991	SONSTIGE SIEDLUNGSABFÄLLE EINSCHLIESSLICH ÄHNLICHER GEWERBEABFÄLLE	,	,	,	,	,	,	,	,	,	,	,	,
		Summen	**1.197.675**	**38.407.077**	**127.430**	**710.836**	**3.502.400**	**8.077**	**102.110**	**15.500**	**72.637**	**3.871.007**	**647.619**	**48.662.368**

Quellen: Branchenkonzepte

Nicht gefährliche Abfälle gemäß Branchenkonzepte (Angaben in Tonnen)

Lfd. Nr.	SN	Abfallbezeichnungen der ÖNORM S 2100 (1990)	BK Nahrungs- u. Genuß- mittel	BK Landwirtschaft	BK Lederabfälle	BK Papier- u. Zellstoffindustrie	BK Holzabfälle	BK Textilabfälle	BK Gießereiabfälle	BK Lackabfälle	BK Medizinische Abfälle	Eisen- und Stahlindustrie	Kunststoff- studie	Summe der Branchen
1	11	NAHRUNGS- UND GENUSSMITTELABFÄLLE	.	.	.	.	.	.	.	.	.	.	.	.
2	111	ABFÄLLE AUS DER NAHRUNGSMITTELPRODUKTION	35.900	.	.	.	.	.	.	.	.	.	.	35.900
3	11102	überlagerte Lebensmittel	in UGR enthalten	.	.	.	.	.	.	.	.	.	.	in UGR enthalten
4	11103	Spelze, Spelzen- und Getreidestaub	in UGR enthalten	3.100.000	.	.	.	.	.	.	.	.	.	3.100.000
5	11104	Würzmittelrückstände	in UGR enthalten	.	.	.	.	.	.	.	.	.	.	in UGR enthalten
6	11110	Melasse	100.000	.	.	.	.	.	.	.	.	.	.	100.000
7	11111	Teig	4.300	.	.	.	.	.	.	.	.	.	.	4.300
8	11112	Rübenschnitzel, Rübenschwänze	150.000	.	.	.	.	.	.	.	.	.	.	150.000
9	11114	sonstige schlammförmige Nahrungsmittelabfälle	in UGR enthalten	.	.	.	.	.	.	.	.	.	.	in UGR enthalten
10	11115	Rückstände aus der Konserven- und Tiefkühlfabrikation (Fleisch, Fisch)	in UGR enthalten	.	.	.	.	.	.	.	.	.	.	in UGR enthalten
11	11116	überlagerte Lebensmittelkonserven; Glas und Metall	in UGR enthalten	.	.	.	.	.	.	.	.	.	.	in UGR enthalten
12	11117	Rückstände aus der Konserven- und Tiefkühlfabrikation (Obst, Gemüse, Pilze)	in UGR enthalten	.	.	.	.	.	.	.	.	.	.	in UGR enthalten
13	114	ABFÄLLE AUS DER GENUSSMITTELPRODUKTION	9.300	.	.	.	.	.	.	.	.	.	.	9.300
14	11401	überlagerte Genußmittel	in UGR enthalten	.	.	.	.	.	.	.	.	.	.	in UGR enthalten
15	11402	Tabakstaub, Tabakgrus, Tabakrippen	500	.	.	.	.	.	.	.	.	.	.	500
16	11404	Malztreber, Malzkeime, Malzstaub	185.000	.	.	.	.	.	.	.	.	.	.	185.000
17	11405	Hopfentreber	in UGR enthalten	.	.	.	.	.	.	.	.	.	.	in UGR enthalten
18	11406	Ausputz- und Schwimmgerste	in UGR enthalten	.	.	.	.	.	.	.	.	.	.	in UGR enthalten
19	11407	Obst-, Getreide- und Kartoffelschlempe	900	.	.	.	.	.	.	.	.	.	.	900
20	11411	Trub und Schlamm aus Brauereien	in UGR enthalten	.	.	.	.	.	.	.	.	.	.	in UGR enthalten
21	11413	Schlamm aus der Weinbereitung	in UGR enthalten	.	.	.	.	.	.	.	.	.	.	in UGR enthalten
22	11414	Schlamm aus Brennereien	in UGR enthalten	.	.	.	.	.	.	.	.	.	.	in UGR enthalten
23	11415	Trester	in UGR enthalten	56.000	.	.	.	.	.	.	.	.	.	56.000
24	11416	Fabrikationsrückstände von Kaffee (z.B. Röstgut und Extraktionsrückstände)	500	.	.	.	.	.	.	.	.	.	.	500
25	11417	Fabrikationsrückstände von Tee	in UGR enthalten	.	.	.	.	.	.	.	.	.	.	in UGR enthalten
26	11418	Fabrikationsrückstände von Kakao	700	.	.	.	.	.	.	.	.	.	.	700

Nicht gefährliche Abfälle gemäß Branchenkonzepte (Angaben in Tonnen)

Lfd. Nr.	SN	Abfallbezeichnungen der ÖNORM S 2100 (1990)	BK Nahrungs- u. Genuß- mittel	BK Landwirtschaft	BK Lederabfälle	BK Papier- u. Zellstoffindustrie	BK Holzabfälle	BK Textilabfälle	BK Gießereiabfälle	BK Lackabfälle	BK Medizinische Abfälle	Eisen- und Stahlindustrie	Kunststoff- studie	Summe der Branchen
27	11419	Hefe oder hefeähnliche Rückstände	11.400	.	.	.	.	.	.	.	.	.	.	11.400
28	11422	Schlamm aus der Tabakverarbeitung	in UGR enthalten	.	.	.	.	.	.	.	.	.	.	in UGR enthalten
29	11423	Rückstände und Abfälle aus Fruchtsaftproduktion	8.400	.	.	.	.	.	.	.	.	.	.	8.400
30	117	ABFÄLLE AUS DER FUTTERMITTELPRODUKTION	.	.	.	.	.	.	.	.	.	.	.	.
31	11701	Futtermittel	700	.	.	.	.	.	.	.	.	.	.	700
32	11702	überlagerte Futtermittel	.	115.000	.	.	.	.	.	.	.	.	.	115.000
33	11703	überlagerte Futtermittelkonserven, Glas und Metall	.	.	.	.	.	.	.	.	.	.	.	.
34	12	ABFÄLLE PFLANZLICHER UND TIERISCHER FETTERZEUGNISSE	.	.	.	.	.	.	.	.	.	.	.	.
35	121	ABFÄLLE AUS DER PRODUKTION PFLANZLICHER UND TIERISCHER ÖLE	.	.	.	.	.	.	.	.	.	.	.	.
36	12101	Ölsaatenrückstände	85.000	.	.	.	.	.	.	.	.	.	.	85.000
37	123	ABFÄLLE AUS DER PRODUKTION PFLANZLICHER UND TIERISCHER FETTE UND WACHSE	1.500	.	.	.	.	.	.	.	.	.	.	1.500
38	12301	Wachse	in UGR enthalten	.	.	.	.	.	.	.	.	.	.	in UGR enthalten
39	125	EMULSIONEN UND GEMISCHE MIT PFLANZLICHEN UND TIERISCHEN FETTPRODUKTEN	.	.	.	.	.	.	.	.	.	.	.	.
40	12502	Molke	100.000	27.000	.	.	.	.	.	.	.	.	.	127.000
41	126	PRODUKTE AUS PFLANZENÖLEN	.	.	.	.	.	.	.	.	.	.	.	.
42	127	SCHLÄMME AUS DER PRODUKTION PFLANZLICHER UND TIERISCHER FETTE	.	.	.	.	.	.	.	.	.	.	.	.
43	12702	Schlamm aus der Speisefettproduktion	.	.	.	.	.	.	.	.	.	.	.	.
44	12703	Schlamm aus der Speiseölproduktion	.	.	.	.	.	.	.	.	.	.	.	.
45	12704	Zentrifugenschlamm	.	.	.	.	.	.	.	.	.	.	.	.
46	129	RAFFINATIONSRÜCKSTÄNDE AUS DER VERARBEITUNG PFLANZLICHER UND TIERISCHER FETTE	.	.	.	.	.	.	.	.	.	.	.	.
47	12901	Bleicherde, ölhaltig	3.100	.	.	.	.	.	.	.	.	.	.	3.100
48	13	ABFÄLLE AUS DER TIERHALTUNG UND SCHLACHTUNG	43.300	.	.	.	.	.	.	.	.	.	.	43.300
49	131	SCHLACHTABFÄLLE	800	.	.	.	.	.	.	.	.	.	.	800
50	13101	Borsten und Horn	.	.	.	.	.	.	.	.	.	.	.	.
51	13102	Knochen	.	.	.	.	.	.	.	.	.	.	.	.
52	13103	Innereien	.	.	.	.	.	.	.	.	.	.	.	.
53	13104	Geflügel	.	.	.	.	.	.	.	.	.	.	.	.

Nicht gefährliche Abfälle gemäß Branchenkonzepte (Angaben in Tonnen)

Lfd. Nr.	SN	Abfallbezeichnungen der ÖNORM S 2100 (1990)	BK Nahrungs- u. Genuß- mittel	BK Landwirtschaft	BK Lederabfälle	BK Papier- u. Zellstoffindustrie	BK Holzabfälle	BK Textilabfälle	BK Gießereiabfälle	BK Lackabfälle	BK Medizinische Abfälle	Eisen- und Stahlindustrie	Kunststoff- studie	Summe der Branchen
54	13105	Fisch	,	,	,	,	,	,	,	,	,	,	,	,
55	13106	Blut	,	,	,	,	,	,	,	,	,	,	,	,
56	13107	Federn	,	,	,	,	,	,	,	,	,	,	,	,
57	13108	Magen- und Darminhalte	,	,	,	,	,	,	,	,	,	,	,	,
58	13109	Wildabfälle	,	,	,	,	,	,	,	,	,	,	,	,
59	13110	Fleisch- und Hautreste, Därme, sonstige Tierkörperteile	,	,	,	,	,	,	,	,	,	,	,	,
60	134	TIERKÖRPER	,	,	,	,	,	,	,	,	,	,	,	,
61	13402	Konfiskate	,	,	,	,	,	,	,	,	,	,	,	,
62	13403	Kadaver	,	,	,	,	,	,	,	,	,	,	,	,
63	13404	Tierkörperteile	,	,	,	,	,	,	,	,	,	,	,	,
64	137	TIERISCHE FÄKALIEN	,	35.000.000	,	,	,	,	,	,	,	,	,	35.000.000
65	13701	Geflügelkot	,	in UGR enthalten	,	,	,	,	,	,	,	,	,	in UGR enthalten
66	13702	Schweinegülle	,	in UGR enthalten	,	,	,	,	,	,	,	,	,	in UGR enthalten
67	13703	Rindergülle	,	in UGR enthalten	,	,	,	,	,	,	,	,	,	in UGR enthalten
68	13704	Mist	,	in UGR enthalten	,	,	,	,	,	,	,	,	,	in UGR enthalten
69	14	HÄUTE UND LEDERABFÄLLE	,	,	,	,	,	,	,	,	,	,	,	,
70	141	ABFÄLLE VON HÄUTEN UND FELLEN	,	,	,	,	,	,	,	,	,	,	,	,
71	14101	Leimleder	,	,	12.500	,	,	,	,	,	,	,	,	12.500
72	14102	Rohspalt	,	,	25.000	,	,	,	,	,	,	,	,	25.000
73	14103	Gelatinespalt	,	,	5.000	,	,	,	,	,	,	,	,	5.000
74	14104	Felle und Häute	,	,	50.000	,	,	,	,	,	,	,	,	50.000
75	144	ABFÄLLE AUS GERBEREIEN (AUSGENOMMEN LEDERCHEMIKALIEN)	,	,	,	,	,	,	,	,	,	,	,	,
76	14401	Äschereischlamm	,	,	,	,	,	,	,	,	,	,	,	,
77	14402	Gerbereischlamm	,	,	21.000	,	,	,	,	,	,	,	,	21.000
78	147	LEDERABFÄLLE	,	,	,	,	,	,	,	,	,	,	,	,
79	14702	Chromlederabfälle	,	,	12.900	,	,	,	,	,	,	,	,	12.900
80	14703	Pelzabfälle und nicht chromgegerbte Leder	,	,	30	,	,	,	,	,	,	,	,	30
81	14704	Lederschleifschlamm, Ledermehl	,	,	1.000	,	,	,	,	,	,	,	,	1.000
82	14706	sonstige Abfälle aus Pelz- und Lederverarbeitung	,	,	,	,	,	,	,	,	,	,	,	,
83	17	HOLZABFÄLLE	2.000	,	,	,	,	,	,	,	,	,	,	2.000
84	171	HOLZABFÄLLE AUS DER BE- UND VERARBEITUNG	,	,	,	,	,	,	,	,	,	,	,	,
85	17101	Rinde	,	,	,	In der Branche Holz enthalten	1.000.000	,	,	,	,	,	,	1.000.000
86	17102	Schwarten, Spreißel aus sauberem, unbeschichtetem Holz	,	,	,	,	320.000	,	,	,	,	,	,	320.000
87	17103	Sägemehl und Sägespäne aus sauberem, unbeschichtetem Holz	,	,	,	,	1.500.000	,	,	,	,	,	,	1.500.000
88	17104	Holzschleifstäube und Holzschleifschlämme	,	,	,	,	40.000	,	,	,	,	,	,	40.000

Nicht gefährliche Abfälle gemäß Branchenkonzepte (Angaben in Tonnen)

Lfd. Nr.	SN	Abfallbezeichnungen der ÖNORM S 2100 (1990)	BK Nahrungs- u. Genuß- mittel	BK Landwirtschaft	BK Lederabfälle	BK Papier- u. Zellstoffindustrie	BK Holzabfälle	BK Textilabfälle	BK Gießereiabfälle	BK Lackabfälle	BK Medizinische Abfälle	Eisen- und Stahlindustrie	Kunststoff-studie	Summe der Branchen
89	17114	Staub und Schlamm aus Spanplattenherstellung	.	.	.	.	75.000	.	.	.	.	.	.	75.000
90	17115	Spanplattenabfälle	.	.	.	.	178.000	.	.	.	.	.	.	178.000
91	172	HOLZABFÄLLE AUS DER ANWENDUNG	.	.	.	.	.	.	.	.	.	.	.	.
92	17201	Holzemballagen und Holzabfälle, nicht verunreinigt	.	.	.	.	.	.	.	.	.	.	.	.
93	17202	Bau- und Abbruchholz	.	.	.	.	360.000	.	.	.	.	.	.	360.000
94	17203	Holzwolle, nicht verunreinigt	.	.	.	.	.	.	.	.	.	.	.	.
95	17207	Eisenbahnschwellen	.	.	.	.	20.000	.	.	.	.	.	.	20.000
96	17209	Holz (z.B. Pfähle und Masten), ölimprägniert	.	.	.	.	9.400	.	.	.	.	.	.	9.400
97	18	ZELLULOSE-, PAPIER- UND PAPPEABFÄLLE	.	.	.	.	.	.	.	.	.	.	.	.
98	181	ABFÄLLE AUS DER ZELLSTOFFHERSTELLUNG	.	.	.	.	.	.	.	.	.	.	.	.
99	18101	Rückstände aus der Zellstoffherstellung (Spuckstoffe und Äste)	.	.	.	43.800	.	.	.	.	.	.	.	43.800
100	18102	Rückstände aus der Chemikalienrückgewinnung der Zellstoffherstellung	.	.	.	22.500	.	.	.	.	.	.	.	22.500
101	184	ABFÄLLE AUS DER ZELLULOSEVERARBEITUNG	.	.	.	.	.	.	.	.	.	.	.	.
102	18401	Rückstände aus der Papiergewinnung (Spuckstoffe) ohne Altpapieraufbereitung	.	.	.	8.600	.	.	.	.	.	.	.	8.600
103	18407	Rückstände aus der Altpapierverarbeitung	.	.	.	97.300	.	.	.	.	.	.	.	97.300
104	18408	Abfälle aus der Zelluloseregeneratfaserherstellung	.	.	.	.	.	.	.	.	.	.	.	.
105	187	PAPIER- UND PAPPEABFÄLLE	14.000	2.585	.	.	.	.	.	.	.	.	.	16.585
106	18701	Schnitt- und Stanzabfälle	.	.	.	.	.	.	.	.	.	.	.	.
107	18702	Papier und Pappe, beschichtet	.	.	.	.	.	.	.	.	.	.	.	.
108	18703	Fotopapier	.	.	.	.	.	.	.	.	.	.	.	.
109	18704	wachsgetränktes Papier	.	.	.	.	.	.	.	.	.	.	.	.
110	18705	Teerpappe und bitumengetränktes Papier	.	.	.	.	.	.	.	.	.	.	.	.
111	18706	Papierklischees, Makulatur	.	.	.	.	.	.	.	.	.	.	.	.
112	18720	Papier und Pappe, unbeschichtet	.	.	.	5.950	.	.	.	.	3.800	.	.	9.750
113	19	ANDERE ABFÄLLE AUS DER VERARBEITUNG UND VEREDELUNG TIERISCHER UND PFLANZLICHER PRODUKTE	.	.	.	.	.	.	.	.	.	.	.	.
114	199	ANDERE ABFÄLLE AUS DER VERARBEITUNG UND VEREDELUNG TIERISCHER UND PFLANZLICHER PRODUKTE	.	89.910	.	.	.	.	.	.	.	.	.	89.910
115	19901	Stärkeschlamm	.	.	.	.	.	.	.	.	.	.	.	.
116	19903	Gelatineabfälle	.	.	.	.	.	.	.	.	.	.	.	.

Nicht gefährliche Abfälle gemäß Branchenkonzepte (Angaben in Tonnen)

Lfd. Nr.	SN	Abfallbezeichnungen der ÖNORM S 2100 (1990)	BK Nahrungs- u. Genuß- mittel	BK Landwirtschaft	BK Lederabfälle	BK Papier- u. Zellstoffindustrie	BK Holzabfälle	BK Textilabfälle	BK Gießereiabfälle	BK Lackabfälle	BK Medizinische Abfälle	Eisen- und Stahlindustrie	Kunststoff- studie	Summe der Branchen
117	19904	Rückstände aus der Kartoffelstärkeproduktion	.	.	.	.	.	.	.	.	.	.	.	.
118	19905	Rückstände aus der Maisstärkeproduktion	.	.	.	.	.	.	.	.	.	.	.	.
119	19906	Rückstände aus der Reisstärkeproduktion	.	.	.	.	.	.	.	.	.	.	.	.
120	19908	Seifenunterlauge	.	.	.	.	.	.	.	.	.	.	.	.
121	19909	Sudkesselrückstände (Seifenherstellung)	.	.	.	.	.	.	.	.	.	.	.	.
122	19910	Schlamm aus Seifensiedereien	.	.	.	.	.	.	.	.	.	.	.	.
123	19911	Darmabfälle aus der Verarbeitung	.	.	.	.	.	.	.	.	.	.	.	.
124	31	ABFÄLLE MINERALISCHEN URSPRUNGS (OHNE METALLABFÄLLE)	.	.	.	.	.	.	.	.	.	.	.	.
125	311	OFENAUSBRÜCHE, HÜTTEN- UND GIESSEREISCHUTT	.	.	.	.	.	.	.	.	.	.	.	.
126	31102	SiO2-Tiegelbruch	.	.	.	.	.	.	190	.	.	.	.	190
127	31103	Ofenausbruch aus metallurgischen Prozessen	.	.	.	.	.	.	3.593	.	.	450	.	4.043
128	31104	Ofenausbruch aus nichtmetallurgischen Prozessen	.	.	.	.	.	.	.	.	.	.	.	.
129	31105	Ausbruch aus Feuerungs- und Verbrennungsanlagen	.	.	.	.	.	.	.	.	.	.	.	.
130	31106	Dolomit	.	.	.	.	.	.	.	.	.	.	.	.
131	31107	Chrommagnesit	.	.	.	.	.	.	.	.	.	.	.	.
132	31111	Hütten- und Gießereischutt	.	.	.	.	.	.	171	.	.	in UGR enthalten	.	171
133	312	METALLURGISCHE SCHLACKEN, KRÄTZEN, STÄUBE	.	.	.	.	.	.	.	.	.	.	.	.
134	31202	Kupolofenschlacke	.	.	.	.	.	.	5.985	.	.	.	.	5.985
135	31203	Schlacken aus NE-Metallschmelzen	.	.	.	.	.	.	.	.	.	.	.	.
136	31208	Eisenoxid, gesintert	.	.	.	.	.	.	.	.	.	43.200	.	43.200
137	31210	Zinkschlacke	.	.	.	.	.	.	285	.	.	.	.	285
138	31213	Zinnaschen	.	.	.	.	.	.	.	.	.	.	.	.
139	31215	Gichtgasstäube	.	.	.	.	.	.	.	.	.	35.100	.	35.100
140	31217	Filterstäube, NE-metallhaltig	.	.	.	.	.	.	13	.	.	12.700	.	12.713
141	31218	Elektroofenschlacke	.	.	.	.	.	.	5.586	.	.	72.000	.	77.586
142	31219	Hochofenschlacke	.	.	.	.	.	.	.	.	.	1.271.000	.	1.271.000
143	31220	Konverterschlacke	.	.	.	.	.	.	.	.	.	741.000	.	741.000
144	31221	sonstige Schlacke aus der Stahlerzeugung	.	.	.	.	.	.	.	.	.	.	.	.
145	31222	Krätzen aus der Eisen- und Stahlerzeugung	.	.	.	.	.	.	.	.	.	.	.	.
146	313	ASCHEN, SCHLACKEN UND STÄUBE AUS DER THERMISCHEN ABFALLBEHANDLUNG UND AUS FEUERUNGSANLAGEN	.	.	.	180.319	.	.	.	.	.	.	.	180.319

Nicht gefährliche Abfälle gemäß Branchenkonzepte (Angaben in Tonnen)

Lfd. Nr.	SN	Abfallbezeichnungen der ÖNORM S 2100 (1990)	BK Nahrungs- u. Genuß- mittel	BK Landwirtschaft	BK Lederabfälle	BK Papier- u. Zellstoffindustrie	BK Holzabfälle	BK Textilabfälle	BK Gießereiabfälle	BK Lackabfälle	BK Medizinische Abfälle	Eisen- und Stahlindustrie	Kunststoff- studie	Summe der Branchen
147	31301	Flugaschen und -stäube aus Feuerungsanlagen	.	.	.	.	.	.	.	.	.	.	.	.
148	31305	Kohlenasche	.	.	.	.	.	.	.	.	.	.	.	.
149	31306	Holzasche, Strohasche	.	.	.	.	.	.	.	.	.	.	.	.
150	31307	Kesselschlacke	.	.	.	.	.	.	.	.	.	.	.	.
151	31315	Rea-Gipse	.	.	.	.	.	.	.	.	.	.	.	.
152	314	SONSTIGE FESTE MINERALISCHE ABFÄLLE	.	.	.	23.924	.	.	.	.	.	.	.	23.924
153	31401	Gießerei-Altsand	.	.	.	.	.	.	40.238	.	.	.	.	40.238
154	31402	Putzereisandrückstände, Strahlsandrückstände	.	.	.	.	.	.	3.561	.	.	.	.	3.561
155	31405	Glasvlies	.	.	.	.	.	.	.	.	.	.	.	.
156	31407	Keramik	.	.	.	.	.	.	128	.	.	.	.	128
157	31408	Glas (z.B. Flachglas)	9.000	.	.	.	.	.	.	.	8.300	.	.	17.300
158	31409	Bauschutt (keine Baustellenabfälle)	1.200	.	.	.	.	.	.	.	.	.	.	1.200
159	31410	Straßenaufbruch	.	.	.	.	.	.	.	.	.	.	.	.
160	31411	Bodenaushub	.	.	.	.	.	.	.	.	.	.	.	.
161	31412	Asbestzement	.	.	.	.	.	.	.	.	.	.	.	.
162	31413	Asbestzementstäube	.	.	.	.	.	.	.	.	.	.	.	.
163	31414	Schamotte	.	.	.	.	.	.	.	.	.	.	.	.
164	31415	Formlehm	.	.	.	.	.	.	3	.	.	.	.	3
165	31416	Mineralfasern	.	.	.	.	.	.	.	.	.	.	.	.
166	31417	Aktivkohle	.	.	.	.	.	.	.	.	.	.	.	.
167	31418	Gesteinsstäube, Polierstäube	.	.	.	.	.	.	.	.	.	.	.	.
168	31419	Feinstaub aus der Schlackenaufbereitung	.	.	.	.	.	.	.	.	.	182.000	.	182.000
169	31420	Rußabfälle	.	.	.	.	.	.	.	.	.	.	.	.
170	31421	Kohlenstaub	.	.	.	.	.	.	.	.	.	162.400	.	162.400
171	31422	Kiesabbrände	.	.	.	.	.	.	.	.	.	.	.	.
172	31425	gebrauchte Formsande	.	.	.	.	.	.	2.494	.	.	.	.	2.494
173	31426	Kernsande	.	.	.	.	.	.	34.537	.	.	.	.	34.537
174	31427	Betonabbruch	.	.	.	.	.	.	.	.	.	.	.	.
175	31430	verunreinigte Mineralfaserabfälle	.	.	.	.	.	.	.	.	.	.	.	.
176	31432	Graphit, Graphitstaub	.	.	.	.	.	.	.	.	.	.	.	.
177	31434	verbrauchte Filter- und Aufsaugmassen mit anwendungsspezifischen nicht schädlichen Beimengungen (z.B. Kieselgur, Aktiverden, Aktivkohle)	.	.	.	.	.	.	60	.	.	.	.	60
178	31438	Gips	.	.	.	.	.	.	.	.	.	.	.	.
179	31439	mineralische Rückstände aus der Gasreinigung	.	.	.	.	.	.	.	.	.	.	.	.
180	31442	Kieselsäure- und Quarzabfälle	.	.	.	.	.	.	.	.	.	.	.	.
181	31444	Schleifmittel	.	.	.	.	.	.	.	.	.	.	.	.
182	31449	keramische Bottichauskleidungen	.	.	.	.	.	.	.	.	.	.	.	.
183	31450	Kesselstein	.	.	.	.	.	.	.	.	.	.	.	.

Nicht gefährliche Abfälle gemäß Branchenkonzepte (Angaben in Tonnen)

Lfd. Nr.	SN	Abfallbezeichnungen der ÖNORM S 2100 (1990)	BK Nahrungs- u. Genuß- mittel	BK Landwirtschaft	BK Lederabfälle	BK Papier- u. Zellstoffindustrie	BK Holzabfälle	BK Textilabfälle	BK Gießereiabfälle	BK Lackabfälle	BK Medizinische Abfälle	Eisen- und Stahlindustrie	Kunststoff- studie	Summe der Branchen
184	31451	Strahlmittelrückstände mit anwendungsspezifischen nicht schädlichen Beimengungen	.	.	.	.	.	.	.	.	.	.	.	.
185	31460	Glasurabfälle	.	.	.	.	.	.	.	.	.	.	.	.
186	316	MINERALISCHE SCHLÄMME	.	.	.	.	.	.	.	.	.	.	.	.
187	31601	Schlamm aus der Betonherstellung	.	.	.	.	.	.	.	.	.	.	.	.
188	31602	Steinschleifschlamm	.	.	.	.	.	.	.	.	.	.	.	.
189	31603	Filterschlamm aus der Bleicherdeherstellung	.	.	.	.	.	.	.	.	.	.	.	.
190	31604	Tonsuspensionen	.	.	.	.	.	.	.	.	.	.	.	.
191	31605	Schlamm aus der Zementfabrikation	.	.	.	.	.	.	.	.	.	.	.	.
192	31606	Schlamm aus der Kalksandsteinfabrikation	.	.	.	.	.	.	.	.	.	.	.	.
193	31607	Schlamm aus der Fertigmörtelherstellung	.	.	.	.	.	.	.	.	.	.	.	.
194	31608	Rotschlamm aus der Aluminiumerzeugung	.	.	.	.	.	.	.	.	.	.	.	.
195	31609	Asbestzementschlamm	.	.	.	.	.	.	.	.	.	.	.	.
196	31610	Emailleschlamm	.	.	.	.	.	.	.	.	.	.	.	.
197	31611	Graphitschlamm	.	.	.	.	.	.	.	.	.	.	.	.
198	31612	Kalkschlamm	.	.	.	.	.	.	.	.	.	.	.	.
199	31613	Gipsschlamm	.	.	.	.	.	.	.	.	.	.	.	.
200	31614	Schlamm aus Eisenhütten	.	.	.	.	.	.	.	.	.	1.800	.	1.800
201	31615	Schlamm aus Stahlwalzwerken	.	.	.	.	.	.	.	.	.	.	.	.
202	31616	Schlamm aus Gießereien	.	.	.	.	.	.	4.501	.	.	.	.	4.501
203	31617	Glasschleifschlamm	.	.	.	.	.	.	.	.	.	.	.	.
204	31618	Carbidschlamm	.	.	.	.	.	.	.	.	.	.	.	.
205	31619	Gichtgasschlamm	.	.	.	.	.	.	.	.	.	.	.	.
206	31622	Magnesiumoxidschlamm	.	.	.	.	.	.	.	.	.	.	.	.
207	31624	Eisenoxidschlamm aus Reduktionsprozessen	.	.	.	.	.	.	.	.	.	.	.	.
208	31625	Erdschlamm, Sandschlamm, Schlitzwandaushub	.	.	.	.	.	.	.	.	.	.	.	.
209	31626	Schlamm aus der Nichteisenmetall-Erzeugung	.	.	.	.	.	.	.	.	.	.	.	.
210	31627	Aluminiumoxidschlamm	.	.	.	.	.	.	.	.	.	.	.	.
211	31631	Bariumsulfatschlamm	.	.	.	.	.	.	.	.	.	.	.	.
212	31634	Carbonatationsschlamm	142.000	.	.	.	.	.	.	.	.	.	.	142.000
213	31635	Rübenerde	242.000	.	.	.	.	.	.	.	.	.	.	242.000
214	31637	Phosphatierschlamm	.	.	.	.	.	.	.	.	.	.	.	.
215	31638	Calciumsulfitschlamm	.	.	.	.	.	.	.	.	.	.	.	.
216	31640	Füll- und Trennmittelsuspensionen (Mineral-, Feststoffanteile)	.	.	.	.	.	.	306	.	.	.	.	306
217	31641	Calciumfluoridschlamm	.	.	.	.	.	.	.	.	.	.	.	.
218	31642	Kesselreinigungsrückstände	.	.	.	.	.	.	.	.	.	.	.	.
219	35	METALLABFÄLLE	3.200	.	.	.	.	.	.	.	.	.	.	3.200
220	351	EISEN- UND STAHLABFÄLLE	.	110	.	5.430	.	.	.	.	.	1.100.000	.	1.105.540

Nicht gefährliche Abfälle gemäß Branchenkonzepte (Angaben in Tonnen)

Lfd. Nr.	SN	Abfallbezeichnungen der ÖNORM S 2100 (1990)	BK Nahrungs- u. Genuß- mittel	BK Landwirtschaft	BK Lederabfälle	BK Papier- u. Zellstoffindustrie	BK Holzabfälle	BK Textilabfälle	BK Gießereiabfälle	BK Lackabfälle	BK Medizinische Abfälle	Eisen- und Stahlindustrie	Kunststoff- studie	Summe der Branchen
221	35101	eisenhaltiger Staub ohne schädliche Beimengungen	.	.	.	.	.	.	.	.	.	88.100	.	88.100
222	35102	Zunder und Hammerschlag, Walzensinter	.	.	.	.	.	.	.	.	.	125.050	.	125.050
223	35103	Eisen- und Stahlabfälle	.	.	.	.	.	.	.	.	.	in UGR enthalten	.	in UGR enthalten
224	35105	Eisenmetallemballagen und -behältnisse	.	.	.	.	.	.	171	.	.	in UGR enthalten	.	171
225	353	NE-METALLABFÄLLE	.	.	.	.	.	.	.	.	.	.	.	.
226	35301	Stanz- und Zerspanungsabfälle	.	.	.	.	.	.	.	.	.	.	.	.
227	35303	Hartzink	.	.	.	.	.	.	.	.	.	.	.	.
228	35304	Aluminium, Aluminiumfolien	800	.	.	.	.	.	.	.	.	.	.	800
229	35306	Elektronspäne	.	.	.	.	.	.	.	.	.	.	.	.
230	35308	Magnesium	.	.	.	.	.	.	.	.	.	.	.	.
231	35309	Zink, Zinkplatten	.	.	.	.	.	.	.	.	.	.	.	.
232	35310	Kupfer	.	.	.	.	.	.	.	.	.	.	.	.
233	35314	Kabel	.	.	.	.	.	.	.	.	.	.	.	.
234	35315	NE-Metallschrott, NE-Metallemballagen, rein	.	.	.	.	.	.	.	.	.	.	.	.
235	35318	berylliumhaltige Stäube	.	.	.	.	.	.	.	.	.	.	.	.
236	355	METALLSCHLÄMME	.	.	.	.	.	.	.	.	.	.	.	.
237	35501	Zinkschlamm	.	.	.	.	.	.	.	.	.	.	.	.
238	35502	Metallschleifschlamm	.	.	.	.	.	.	21	.	.	.	.	21
239	35504	Zinnschlamm	.	.	.	.	.	.	.	.	.	.	.	.
240	35505	Anodenschlamm	.	.	.	.	.	.	.	.	.	.	.	.
241	35506	Sonstige Metallschlämme	.	.	.	.	.	.	.	.	.	.	.	.
242	39	ANDERE ABFÄLLE MINERALISCHEN URSPRUNGS SOWIE ABFÄLLE VON VEREDELUNGSPRODUKTEN	.	.	.	.	.	.	.	.	.	.	.	.
243	399	ANDERE ABFÄLLE MINERALISCHEN URSPRUNGS SOWIE ABFÄLLE VON VEREDELUNGSPRODUKTEN	.	.	.	.	.	.	.	.	.	.	.	.
244	39904	Gasreinigungsmassen	.	.	.	.	.	.	.	.	.	.	.	.
245	39905	Feuerlöschpulverreste	.	.	.	.	.	.	.	.	.	.	.	.
246	39907	Rückstände mit Elementarschwefel	.	.	.	.	.	.	.	.	.	.	.	.
247	39908	Gemengereste (Glasherstellung)	.	.	.	.	.	.	.	.	.	.	.	.
248	51	OXIDE, HYDROXIDE, SALZABFÄLLE	.	.	.	.	.	.	.	.	.	.	.	.
249	51113	sonstige Metallhydroxidschlämme	.	.	.	.	.	.	.	.	.	.	.	.
250	51114	Blei-, Nickel-, Cadmiumhydroxidschlämme	.	.	.	.	.	.	.	.	.	.	.	.
251	51115	Aluminiumhydroxidschlamm, verunreinigt	.	.	.	.	.	.	.	.	.	.	.	.
252	513	SONSTIGE OXIDE UND HYDROXIDE	.	.	.	.	.	.	.	.	.	.	.	.
253	51301	Zinkoxid	.	.	.	.	.	.	.	.	.	.	.	.
254	51302	Zinkhydroxid	.	.	.	.	.	.	.	.	.	.	.	.

Nicht gefährliche Abfälle gemäß Branchenkonzepte (Angaben in Tonnen)

Lfd. Nr.	SN	Abfallbezeichnungen der ÖNORM S 2100 (1990)	BK Nahrungs- u. Genuß- mittel	BK Landwirtschaft	BK Lederabfälle	BK Papier- u. Zellstoffindustrie	BK Holzabfälle	BK Textilabfälle	BK Gießereiabfälle	BK Lackabfälle	BK Medizinische Abfälle	Eisen- und Stahlindustrie	Kunststoff-studie	Summe der Branchen
255	51303	Zinnstein	-	-	-	-	-	-	-	-	-	-	-	-
256	51304	Braunstein, Manganoxide	-	-	-	-	-	-	-	-	-	-	-	-
257	51305	Aluminiumoxid	-	-	-	-	-	-	-	-	-	-	-	-
258	51306	Chrom(III)oxid	-	-	-	-	-	-	-	-	-	-	-	-
259	51307	Kupferoxid	-	-	-	-	-	-	-	-	-	-	-	-
260	51308	Aluminiumhydroxid	-	-	-	-	-	-	-	-	-	-	-	-
261	51309	Eisenhydroxid	-	-	-	-	-	-	-	-	-	2.000	-	2.000
262	51310	sonstige Metallhydroxide	-	-	-	-	-	-	-	-	-	-	-	-
263	515	SALZABFÄLLE	-	-	-	-	-	-	-	-	-	-	-	-
264	51502	Häutesalz	-	-	-	-	-	-	-	-	-	-	-	-
265	51503	Natrium- und Kaliumphosphatabfälle	-	-	-	-	-	-	-	-	-	-	-	-
266	51507	Düngemittelreste	-	-	-	-	-	-	-	-	-	-	-	-
267	51508	Pottascherückstände	-	-	-	-	-	-	-	-	-	-	-	-
268	51519	Eisenchlorid	-	-	-	-	-	-	-	-	-	-	-	-
269	51520	Eisensulfat	-	-	-	-	-	-	-	-	-	25.000	-	25.000
270	51523	Natriumchlorid	-	-	-	-	-	-	-	-	-	-	-	-
271	51526	Calciumchlorid	-	-	-	-	-	-	-	-	-	-	-	-
272	51527	Magnesiumchlorid	-	-	-	-	-	-	-	-	-	-	-	-
273	51528	Alkali- und Erdalkalisulfide	-	-	-	-	-	-	-	-	-	-	-	-
274	51529	Schwermetallsulfide	-	-	-	-	-	-	-	-	-	-	-	-
275	51532	Chlorkalk	-	-	-	-	-	-	-	-	-	-	-	-
276	51535	Vanadiumsalze	-	-	-	-	-	-	-	-	-	-	-	-
277	51541	sonstige Salze, schwer löslich	-	-	-	-	-	-	-	-	-	-	-	-
278	52	ABFÄLLE VON SÄUREN, LAUGEN, KONZENTRATEN	-	-	-	-	-	-	-	-	-	-	-	-
279	521	SÄUREN, ANORGANISCH	-	-	-	-	-	-	-	-	-	-	-	-
280	522	SÄUREN, ORGANISCH	-	-	-	-	-	-	-	-	-	-	-	-
281	524	LAUGEN	-	-	-	-	-	-	-	-	-	-	-	-
282	52402	Laugen, Laugengemische	-	-	-	-	-	-	-	-	-	-	-	-
283	52403	Ammoniaklösungen (Salmiakgeist)	-	-	-	-	-	-	-	-	-	-	-	-
284	527	KONZENTRATE	-	-	-	-	-	-	-	-	-	-	-	-
285	52701	Hypochlorit-Ablauge	-	-	-	-	-	-	-	-	-	-	-	-
286	52708	Sulfitablauge	-	-	-	-	-	-	-	-	-	-	-	-
287	52710	Gerbereibrühe	-	-	-	-	-	-	-	-	-	-	-	-
288	52717	Bleichereiablauge, chlorfrei	-	-	-	-	-	-	-	-	-	-	-	-
289	53	ABFÄLLE VON PFLANZENBEHANDLUNGS- UND SCHÄDLINGSBEKÄMPFUNGSMIT TELN SOWIE VON PHARMAZEUTISCHEN ERZEUGNISSEN UND DESINFEKTIONSMITTELN	-	-	-	-	-	-	-	-	-	-	-	-
290	531	ABFÄLLE VON PFLANZENBEHANDLUNGS- UND SCHÄDLINGSBEKÄMPFUNGSMIT TELN	-	-	-	-	-	-	-	-	-	-	-	-

Nicht gefährliche Abfälle gemäß Branchenkonzepte (Angaben in Tonnen)

Lfd. Nr.	SN	Abfallbezeichnungen der ÖNORM S 2100 (1990)	BK Nahrungs- u. Genuß- mittel	BK Landwirtschaft	BK Lederabfälle	BK Papier- u. Zellstoffindustrie	BK Holzabfälle	BK Textilabfälle	BK Gießereiabfälle	BK Lackabfälle	BK Medizinische Abfälle	Eisen- und Stahlindustrie	Kunststoff- studie	Summe der Branchen
291	533	ABFÄLLE VON KÖRPERPFLEGEMITTELN	.	.	.	.	.	.	.	.	.	.	.	.
292	53302	Produktionsabfälle von Körperpflegemitteln	.	.	.	.	.	.	.	.	.	.	.	.
293	535	ABFÄLLE VON ARZNEIMITTELERZEUGNISSEN	.	.	.	.	.	.	.	.	.	.	.	.
294	53504	Trester von Heilpflanzen	.	.	.	.	.	.	.	.	.	.	.	.
295	53505	Pilzmycel	.	.	.	.	.	.	.	.	.	.	.	.
296	53506	Proteinabfälle	.	.	.	.	.	.	.	.	.	.	.	.
297	53508	Lebendimpfstoffe	.	.	.	.	.	.	.	.	.	.	.	.
298	54	ABFÄLLE VON MINERALÖL- UND KOHLEVEREDLUNGSPRODUKTE N	.	.	.	.	.	.	.	.	.	.	.	.
299	541	ABFÄLLE VON MINERALÖLEN UND SYNTHETISCHEN ÖLEN	.	6.375	.	.	.	.	.	.	.	.	.	6.375
300	54122	Silikonöle	.	.	.	.	.	.	.	.	.	.	.	.
301	542	ABFÄLLE VON FETTEN UND WACHSEN AUS MINERALÖL	.	.	.	.	.	.	.	.	.	.	.	.
302	54205	Stearinpech	.	.	.	.	.	.	.	.	.	.	.	.
303	544	ABFÄLLE VON EMULSIONEN UND GEMISCHEN VON MINERALÖLPRODUKTEN	.	.	.	.	.	.	.	.	.	.	.	.
304	54404	Honöle	.	.	.	.	.	.	.	.	.	.	.	.
305	54406	Wachsemulsionen	.	.	.	.	.	.	.	.	.	.	.	.
306	54407	Bitumenemulsionen	.	.	.	.	.	.	.	.	.	.	.	.
307	545	RÜCKSTÄNDE AUS DER ERDÖLFÖRDERUNG	.	.	.	.	.	.	.	.	.	.	.	.
308	54501	Bohrspülung und Bohrklein, ölfrei	.	.	.	.	.	.	.	.	.	.	.	.
309	547	MINERALÖLSCHLÄMME	.	.	.	.	.	.	.	.	.	.	.	.
310	54707	Erodierschlamm (petroleum-und graphithaltig)	.	.	.	.	.	.	.	.	.	.	.	.
311	54708	Hon- und Läppschlamm	.	.	.	.	.	.	.	.	.	.	.	.
312	54716	Schwefeleisen	.	.	.	.	.	.	.	.	.	.	.	.
313	548	RÜCKSTÄNDE AUS MINERALÖLRAFFINERIEN	.	.	.	.	.	.	.	.	.	.	.	.
314	54805	Rohschwefel	.	.	.	.	.	.	.	.	.	.	.	.
315	54808	wäßrige Rückstände aus der Altölraffination	.	.	.	.	.	.	.	.	.	.	.	.
316	549	SONSTIGE ABFÄLLE VON MINERALÖLPRODUKTEN UND AUS DER ERDÖLVERARBEITUNG UND KOHLEVEREDLUNG	.	.	.	.	.	.	.	.	.	.	.	.
317	54906	feste naphtalinhaltige Rückstände	.	.	.	.	.	.	.	.	.	.	.	.
318	54910	Pech	.	.	.	.	.	.	.	.	.	.	.	.
319	54911	Bitumenkoks	.	.	.	.	.	.	.	.	.	.	.	.
320	54912	Bitumen, Asphalt	.	.	.	.	.	.	.	.	.	.	.	.
321	54919	Petrolkoks, Anodenausbruch	.	.	.	.	.	.	.	.	.	.	.	.
322	54924	sonstige Schlämme aus Kokereien und Gaswerken	.	.	.	.	.	.	.	.	.	2.300	.	2.300

Nicht gefährliche Abfälle gemäß Branchenkonzepte (Angaben in Tonnen)

Lfd. Nr.	SN	Abfallbezeichnungen der ÖNORM S 2100 (1990)	BK Nahrungs- u. Genuß- mittel	BK Landwirtschaft	BK Lederabfälle	BK Papier- u. Zellstoffindustrie	BK Holzabfälle	BK Textilabfälle	BK Gießereiabfälle	BK Lackabfälle	BK Medizinische Abfälle	Eisen- und Stahlindustrie	Kunststoff-studie	Summe der Branchen
323	54925	sonstige Schlämme aus der Petrochemie	,	,	,	,	,	,	,	,	,	,	,	,
324	55	ABFÄLLE VON ORGANISCHEN LÖSEMITTELN, FARBEN, LACKEN, KLEBSTOFFEN, KITTEN UND HARZEN	60	,	,	,	,	,	,	,	,	,	,	60
325	552	ABFÄLLE VON HALOGENHALTIGEN ORGANISCHEN LÖSEMITTELN UND LÖSEMITTELGEMISCHEN UND ANDEREN HALOGENIERTEN FLÜSSIGKEITEN (PCB-frei, PCT-frei)	,	,	,	,	,	,	,	,	,	,	,	,
326	553	ABFÄLLE VON HALOGENFREIEN ORGANISCHEN LÖSEMITTELN UND LÖSEMITTELGEMISCHEN	,	,	,	,	,	,	,	,	,	,	,	,
327	554	LÖSEMITTELHALTIGE SCHLÄMME; BETRIEBSMITTEL UND WÄSSRIGE GEMISCHE	,	,	,	,	,	,	,	,	,	,	,	,
328	555	ABFÄLLE VON FARBMITTELN UND ANSTRICHMITTELN	,	,	,	,	,	,	,	,	,	,	,	,
329	55513	Altlacke, Altfarben ausgehärtet (auch ausgehärtete Reste in Gebinden)	,	,	,	,	,	,	,	15.500	,	,	,	15.500
330	559	ABFÄLLE VON KLEBSTOFFEN, KITTEN, NICHTAUSGEHÄRTETEN HARZEN	,	,	,	,	,	,	,	,	,	,	,	,
331	55903	Harzrückstände, nicht ausgehärtet	,	,	,	,	,	,	,	,	,	,	,	,
332	55906	Leim- und Klebemittelabfälle, ausgehärtet	,	,	,	,	,	,	,	,	,	,	,	,
333	55908	Kitt- und Spachtelabfälle, ausgehärtet	,	,	,	,	,	,	,	,	,	,	,	,
334	55909	Harzrückstände, ausgehärtet	,	,	,	,	,	,	22	,	,	,	,	22
335	57	KUNSTSTOFF-UND GUMMIABFÄLLE	4.400	,	,	,	,	,	,	,	,	,	,	4.400
336	571	AUSGEHÄRTETE KUNSTSTOFFABFÄLLE	,	,	,	,	,	,	,	,	,	,	410.000	410.000
337	57101	Phenol- und Melaminharz	,	,	,	,	,	,	,	,	,	,	in UGR enthalten	in UGR enthalten
338	57102	Polyester	,	,	,	,	,	,	,	,	,	,	in UGR enthalten	in UGR enthalten
339	57103	sonstige Gießharze	,	,	,	,	,	,	,	,	,	,	in UGR enthalten	in UGR enthalten
340	57104	Imprägnierharz	,	,	,	,	,	,	,	,	,	,	in UGR enthalten	in UGR enthalten
341	57107	ausgehärtete Formmassen (Duroplast)	,	,	,	,	,	,	,	,	,	,	in UGR enthalten	in UGR enthalten
342	57108	Polystyrol, Polystrolschaum	,	,	,	,	,	,	,	,	,	,	in UGR enthalten	in UGR enthalten
343	57109	Hartpapier, Hartgewebe, Vulkanfiber	,	,	,	,	,	,	,	,	,	,	in UGR enthalten	in UGR enthalten

Nicht gefährliche Abfälle gemäß Branchenkonzepte (Angaben in Tonnen)

Lfd. Nr.	SN	Abfallbezeichnungen der ÖNORM S 2100 (1990)	BK Nahrungs- u. Genuß- mittel	BK Landwirtschaft	BK Lederabfälle	BK Papier- u. Zellstoffindustrie	BK Holzabfälle	BK Textilabfälle	BK Gießereiabfälle	BK Lackabfälle	BK Medizinische Abfälle	Eisen- und Stahlindustrie	Kunststoff-studie	Summe der Branchen
344	57110	Polyurethan, Polyurethanschaum	.	.	.	.	.	.	.	.	.	.	in UGR enthalten	in UGR enthalten
345	57111	Polyamid	.	.	.	.	.	.	.	.	.	.	in UGR enthalten	in UGR enthalten
346	57112	Hartschaum (ausgenommen solcher auf PVC-Basis)	.	.	.	.	.	.	.	.	.	.	in UGR enthalten	in UGR enthalten
347	57113	Kunstdarmabfälle	.	.	.	.	.	.	.	.	.	.	in UGR enthalten	in UGR enthalten
348	57115	Film- und Celluloidabfälle, Röntgenfilme	.	.	.	.	.	.	.	.	.	.	in UGR enthalten	in UGR enthalten
349	57116	PVC-Abfälle und Schäume auf PVC-Basis	.	.	.	.	.	.	.	.	.	.	in UGR enthalten	in UGR enthalten
350	57117	Kunstglas-, Polyacrylat- und Polycarbonatabfälle	.	.	.	.	.	.	.	.	.	.	in UGR enthalten	in UGR enthalten
351	57118	Kunststoffemballagen und -behältnisse	.	.	.	.	.	.	47	.	.	.	in UGR enthalten	47
352	57119	Kunststoffolien	.	3.875	.	.	.	.	.	.	.	.	in UGR enthalten	3.875
353	57120	Polyvinylacetat	.	.	.	.	.	.	.	.	.	.	in UGR enthalten	in UGR enthalten
354	57121	Polyvinylalkoholabfälle	.	.	.	.	.	.	.	.	.	.	in UGR enthalten	in UGR enthalten
355	57122	Polyvinylacetal	.	.	.	.	.	.	.	.	.	.	in UGR enthalten	in UGR enthalten
356	57123	Epoxidharz	.	.	.	.	.	.	.	.	.	.	in UGR enthalten	in UGR enthalten
357	57126	fluorhaltige Kunststoffabfälle	.	.	.	.	.	.	.	.	.	.	.	.
358	57128	Polyolefinabfälle	.	.	.	.	.	.	.	.	.	.	.	.
359	57129	sonstige ausgehärtete Kunststoffabfälle	.	.	.	.	.	.	.	.	.	.	.	.
360	572	ABFÄLLE VON NICHT AUSGEHÄRTETEN KUNSTSTOFFABFÄLLEN, -FORMMASSEN UND -KOMPONENTEN	.	.	.	.	.	.	.	.	.	.	24.280	24.280
361	57203	Weichmacher ohne halogenierte organische Bestandteile	.	.	.	.	.	.	.	.	.	.	20	20
362	573	KUNSTSTOFFSCHLÄMME UND -EMULSIONEN	.	.	.	.	.	.	.	.	.	.	15.100	15.100
363	57301	Kunststoffschlamm, lösemittelfrei	.	.	.	.	.	.	.	.	.	.	500	500
364	57303	Kunststoffdispersion (auf Wasserbasis)	.	.	.	.	.	.	.	.	.	.	300	300
365	57304	Kunststoffemulsionen	.	.	.	.	.	.	.	.	.	.	70	70
366	575	FESTE GUMMIABFÄLLE (EINSCHLIESSLICH ALTREIFEN)	.	.	.	.	.	.	.	.	.	.	5.000	5.000
367	57501	Gummi	.	.	.	.	.	.	.	.	.	.	6.900	6.900
368	57502	Altreifen und Altreifenschnitzel	.	4.500	.	.	.	.	.	.	.	.	45.000	49.500
369	57503	Gummi-Asbest, asbesthaltige Bremsbeläge	.	.	.	.	.	.	.	.	.	.	4	4
370	57504	Gummi-Metall	.	.	.	.	.	.	.	.	.	.	50	50
371	57505	Latexschaumabfälle	.	.	.	.	.	.	.	.	.	.	150	150
372	57506	Gummimehl, Gummistaub	.	.	.	.	.	.	.	.	.	.	4	4

Nicht gefährliche Abfälle gemäß Branchenkonzepte (Angaben in Tonnen)

Lfd. Nr.	SN	Abfallbezeichnungen der ÖNORM S 2100 (1990)	BK Nahrungs- u. Genuß- mittel	BK Landwirtschaft	BK Lederabfälle	BK Papier- u. Zellstoffindustrie	BK Holzabfälle	BK Textilabfälle	BK Gießereiabfälle	BK Lackabfälle	BK Medizinische Abfälle	Eisen- und Stahlindustrie	Kunststoff- studie	Summe der Branchen
373	57507	Gummigranulat	.	.	.	.	.	.	.	.	.	.	100	100
374	577	GUMMISCHLÄMME UND -EMULSIONEN	.	.	.	.	.	.	.	.	.	.	80.000	80.000
375	57702	Latex-Schlamm, verfestigt	.	.	.	.	.	.	.	.	.	.	20	20
376	57703	Latex-Emulsionen	.	.	.	.	.	.	.	.	.	.	100	100
377	57704	Kautschuklösungen	.	.	.	.	.	.	.	.	.	.	1	1
378	57705	Gummischlamm, lösemittelfrei	.	.	.	.	.	.	.	.	.	.	20	20
379	578	SHREDDERRÜCKSTÄNDE	.	.	.	.	.	.	.	.	.	.	.	.
380	57801	Shredderrückstände (Leichtfraktion)	.	.	.	.	.	.	.	.	.	.	60.000	60.000
381	57802	Filterstäube aus Shredderanlagen	.	.	.	.	.	.	.	.	.	.	.	.
382	58	TEXTILABFÄLLE (NATUR- UND CHEMIEFASERPRODUKTE)	500	.	.	.	.	.	.	.	.	.	.	500
383	581	TEXTILABFÄLLE UND SCHLÄMME	.	1.252	.	.	.	8.077	.	.	.	.	.	9.329
384	58101	Polyamidfasern	.	.	.	.	.	.	.	.	.	.	.	.
385	58102	Polyesterfasern	.	.	.	.	.	.	.	.	.	.	.	.
386	58103	Polyacrylfasern	.	.	.	.	.	.	.	.	.	.	.	.
387	58104	Cellulosefasern	.	.	.	.	.	.	.	.	.	.	.	.
388	58105	Wolle	.	.	.	.	.	.	.	.	.	.	.	.
389	58106	Pflanzenfasern	.	470	.	.	.	.	.	.	.	.	.	470
390	58107	Stoff- und Gewebereste, Altkleider	.	.	.	.	.	.	.	.	.	.	.	.
391	58114	Schlamm aus Tuchfabriken	.	.	.	.	.	.	.	.	.	.	.	.
392	58115	Schlamm aus Textilfärbereien	.	.	.	.	.	.	.	.	.	.	.	.
393	58116	Schlamm aus der Textilausrüstung	.	.	.	.	.	.	.	.	.	.	.	.
394	58117	Schlamm aus Wollwäschereien	.	.	.	.	.	.	.	.	.	.	.	.
395	58118	Wäschereischlamm	.	.	.	.	.	.	.	.	.	.	.	.
396	582	TEXTILIEN, VERUNREINIGT	.	.	.	.	.	.	.	.	.	.	.	.
397	58208	Filtertücher, Filtersäcke mit anwendungsspezifischen nicht schädlichen Beimengungen	.	.	.	.	.	.	.	.	.	.	.	.
398	59	ANDERE ABFÄLLE CHEMISCHER UMWANDLUNGS- UND SYNTHESEPRODUKTE	15	.	.	.	.	.	.	.	.	.	.	15
399	591	ABFÄLLE VON EXPLOSIVSTOFFEN	.	.	.	.	.	.	.	.	.	.	.	.
400	593	LABORABFÄLLE UND CHEMIKALIENRESTE	.	.	.	.	.	.	.	.	.	.	.	.
401	594	DETERGENTIEN- UND WASCHMITTELABFÄLLE	.	.	.	.	.	.	.	.	.	.	.	.
402	59401	Fabrikationsrückstände aus der Waschmittelherstellung	.	.	.	.	.	.	.	.	.	.	.	.
403	59402	flüssige Tenside	.	.	.	.	.	.	.	.	.	.	.	.
404	59403	feste Tenside	.	.	.	.	.	.	.	.	.	.	.	.
405	595	KATALYSATOREN	.	.	.	.	.	.	.	.	.	.	.	.
406	598	ABFÄLLE VON GEFASSTEN GASEN	.	.	.	.	.	.	.	.	.	.	.	.
407	59801	Gase in Patronen	.	.	.	.	.	.	.	.	.	.	.	.
408	59802	Gase in Stahldruckflaschen	.	.	.	.	.	.	.	.	.	.	.	.

Nicht gefährliche Abfälle gemäß Branchenkonzepte (Angaben in Tonnen)

Lfd. Nr.	SN	Abfallbezeichnungen der ÖNORM S 2100 (1990)	BK Nahrungs- u. Genuß- mittel	BK Landwirtschaft	BK Lederabfälle	BK Papier- u. Zellstoffindustrie	BK Holzabfälle	BK Textilabfälle	BK Gießereiabfälle	BK Lackabfälle	BK Medizinische Abfälle	Eisen- und Stahlindustrie	Kunststoff-studie	Summe der Branchen
409	599	SONSTIGE ABFÄLLE AUS UMWANDLUNGSPROZESSEN UND SYNTHESEPROZESSEN	.	.	.	.	.	.	.	.	.	.	.	.
410	59906	Industriekehricht, nicht öl- oder chemikalienverunreinigt	.	.	.	.	.	.	.	.	.	.	.	.
411	71	RADIOAKTIVE ABFÄLLE	.	.	.	.	.	.	.	.	.	.	.	.
412	711	RADIOAKTIVE ABFÄLLE	.	.	.	.	.	.	.	.	.	.	.	.
413	71101	radioaktive Abfälle	.	.	.	.	.	.	.	.	37	.	.	37
414	91	FESTE SIEDLUNGSABFÄLLE EINSCHLIESSLICH ÄHNLICHER GEWERBEABFÄLLE	.	.	.	.	.	.	.	.	.	.	.	.
415	911	HAUSMÜLL	.	.	.	.	.	.	.	.	.	.	.	.
416	91101	Hausmüll und hausmüllähnliche Gewerbeabfälle	.	.	.	.	.	.	.	.	.	.	.	.
417	91102	Rückstände aus der biologischen Abfallbehandlung	.	.	.	.	.	.	.	.	.	.	.	.
418	91103	Rückstände aus der mechanischen Abfallaufbereitung	.	.	.	.	.	.	.	.	.	.	.	.
419	91104	biogene Abfallstoffe, getrennt gesammelt	.	.	.	.	.	.	.	.	.	.	.	.
420	912	HAUSMÜLLÄHNLICHE GEWERBEABFÄLLE	24.500	.	.	8.312	.	.	.	.	42.000	.	.	74.812
421	91201	Verpackungsmaterial und Kartonagen	.	.	.	.	.	.	198	.	.	.	.	198
422	91202	Küchen- und Kantinenabfälle	.	.	.	.	.	.	.	.	12.500	.	.	12.500
423	91206	Baustellenabfälle (kein Bauschutt)	.	.	.	.	.	.	.	.	.	.	.	.
424	914	SPERRMÜLL	.	.	.	.	.	.	.	.	.	.	.	.
425	91401	Sperrmüll	.	.	.	.	.	.	.	.	.	.	.	.
426	915	STRASSENKEHRICHT	.	.	.	.	.	.	.	.	.	.	.	.
427	91501	Straßenkehricht	.	.	.	.	.	.	.	.	.	.	.	.
428	916	MARKTABFÄLLE	.	.	.	.	.	.	.	.	.	.	.	.
429	91601	Viktualienmarkt-Abfälle	.	.	.	.	.	.	.	.	.	.	.	.
430	917	GRÜNABFÄLLE	.	.	.	.	.	.	.	.	6.000	.	.	6.000
431	91701	Garten- und Parkabfälle	.	.	.	.	.	.	.	.	.	.	.	.
432	91702	Friedhofsabfälle	.	.	.	.	.	.	.	.	.	.	.	.
433	94	ABFÄLLE AUS WASSERAUFBEREITUNG, ABWASSERBEHANDLUNG UND GEWÄSSERNUTZUNG	.	.	.	.	.	.	.	.	.	.	.	.
434	941	SCHLÄMME AUS DER WASSERAUFBEREITUNG	.	.	.	.	.	.	.	.	.	.	.	.
435	94101	Sedimentationsschlamm	.	.	.	.	.	.	.	.	.	.	.	.
436	94102	Schlamm aus der Wasserenthärtung	.	.	.	.	.	.	.	.	.	.	.	.
437	94103	Schlamm aus der Eisenfällung	.	.	.	.	.	.	.	.	.	.	.	.
438	94104	Schlamm aus der Manganfällung	.	.	.	.	.	.	.	.	.	.	.	.
439	94105	Schlamm aus der Kesselwasseraufbereitung	.	.	.	.	.	.	.	.	.	.	.	.
440	94106	Schlamm aus der Dampfkesselreinigung	.	.	.	.	.	.	.	.	.	.	.	.

Nicht gefährliche Abfälle gemäß Branchenkonzepte (Angaben in Tonnen)

Lfd. Nr.	SN	Abfallbezeichnungen der ÖNORM S 2100 (1990)	BK Nahrungs- u. Genuß- mittel	BK Landwirtschaft	BK Lederabfälle	BK Papier- u. Zellstoffindustrie	BK Holzabfälle	BK Textilabfälle	BK Gießereiabfälle	BK Lackabfälle	BK Medizinische Abfälle	Eisen- und Stahlindustrie	Kunststoff-studie	Summe der Branchen
441	94107	Kesselabschlamm	-	-	-	-	-	-	-	-	-	-	-	-
442	943	NICHTSTABILISIERTE SCHLÄMME AUS MECHANISCH-BIOLOGISCHER ABWASSERBEHANDLUNG, SOWEIT SIE NICHT IN ANDEREN POSITIONEN ENTHALTEN SIND (ROHSCHLAMM, FRISCHSCHLAMM)	-	-	-	-	-	-	-	-	-	-	-	-
443	94301	Vorklärschlamm	-	-	-	-	-	-	-	-	-	-	-	-
444	94302	Überschußschlamm aus der biologischen Abwasserbehandlung	-	-	-	-	-	-	-	-	-	-	-	-
445	94303	Fäkalschlamm aus Hauskläranlagen und Sammelgruben	-	-	-	-	-	-	-	-	-	-	-	-
446	945	STABILISIERTE SCHLÄMME AUS MECHANISCH-BIOLOGISCHER ABWASSERBEHANDLUNG, SOWEIT SIE NICHT IN ANDEREN POSITIONEN ENTHALTEN SIND	-	-	-	-	-	-	-	-	-	-	-	-
447	94501	anaerob stabilisierter Schlamm (Faulschlamm)	-	-	-	-	-	-	-	-	-	-	-	-
448	94502	aerob stabilisierter Schlamm	-	-	-	-	-	-	-	-	-	-	-	-
449	947	RÜCKSTÄNDE AUS DER KANALISATION UND ABWASSERBEHANDLUNG (AUSGENOMMEN SCHLÄMME)	-	-	-	-	-	-	-	-	-	-	-	-
450	94701	Rechengut	-	-	-	-	-	-	-	-	-	-	-	-
451	94704	Sandfanginhalte	-	-	-	-	-	-	-	-	-	-	-	-
452	94705	Inhalte aus Fettfängen (Öl- und Fettabscheidern)	-	-	-	-	-	-	-	-	-	-	-	-
453	948	SCHLÄMME AUS DER ABWASSERBEHANDLUNG	-	-	-	-	-	-	-	-	-	-	-	-
454	94801	Schlamm aus der Abwasserbehandlung, soweit er nicht in anderen Positionen enthalten ist	12.700	-	-	-	-	-	-	-	-	6.907	-	19.607
455	94802	Schlamm aus der mechanischen Abwasserbehandlung der Zellstoff- und Papierherstellung	-	-	-	314.700	-	-	-	-	-	-	-	314.700
456	94803	Schlamm aus der biologischen Abwasserbehandlung der Zellstoff- und Papierherstellung	-	-	-	in 94802 enthalten	-	-	-	-	-	-	-	1
457	949	ABFÄLLE AUS DER GEWÄSSERNUTZUNG	-	-	-	-	-	-	-	-	-	-	-	-
458	94901	Rückstände aus der Gewässerreinigung (Bachabkehr-, Abmäh- und Abfischgut)	-	-	-	-	-	-	-	-	-	-	-	-
459	94902	Rechengut aus Rechenanlagen von Kraftwerken	-	-	-	-	-	-	-	-	-	-	-	-
460	95	FLÜSSIGE ABFÄLLE AUS ABFALLBEHANDLUNGSANLAGEN	-	-	-	-	-	-	-	-	-	-	-	-

Nicht gefährliche Abfälle gemäß Branchenkonzepte (Angaben in Tonnen)

Lfd. Nr.	SN	Abfallbezeichnungen der ÖNORM S 2100 (1990)	BK Nahrungs- u. Genuß- mittel	BK Landwirtschaft	BK Lederabfälle	BK Papier- u. Zellstoffindustrie	BK Holzabfälle	BK Textilabfälle	BK Gießereiabfälle	BK Lackabfälle	BK Medizinische Abfälle	Eisen- und Stahlindustrie	Kunststoff-studie	Summe der Branchen
461	951	FÄKALIEN AUS SAMMELGRUBEN	-	-	-	-	-	-	-	-	-	-	-	-
462	95101	Fäkalien	-	-	-	-	-	-	-	-	-	-	-	-
463	953	DEPONIESICKERWASSER	-	-	-	-	-	-	-	-	-	-	-	-
464	954	FLÜSSIGE ABFÄLLE AUS DER THERMISCHEN ABFALLBEHANDLUNG UND AUS FEUERUNGSANLAGEN	-	-	-	-	-	-	-	-	-	-	-	-
465	95401	Wasch- und Prozeßwässer	-	-	-	-	-	-	-	-	-	-	-	-
466	95402	Wasser aus Naßentschlackung	-	-	-	-	-	-	-	-	-	-	-	-
467	97	ABFÄLLE AUS DEM MEDIZINISCHEN BEREICH	-	-	-	-	-	-	-	-	-	-	-	-
468	971	ABFÄLLE AUS DEM MEDIZINISCHEN BEREICH	-	-	-	-	-	-	-	-	-	-	-	-
469	97102	desinfizierte Abfälle, außer gefährliche Abfälle gemäß ÖNORM S 2101	-	-	-	-	-	-	-	-	-	-	-	-
470	97104	Abfälle, die nur innerhalb des medizinischen Bereiches eine Infektions- oder Verletzungsgefahr darstellen können, gemäß ÖNORM S 2104	-	-	-	-	-	-	-	-	-	-	-	-
471	97105	Kanülen und sonstige verletzungsgefährdende spitze oder scharfe Gegenstände, wie Lanzetten, Skalpelle u. dgl. gemäß ÖNORM S 2104	-	-	-	-	-	-	-	-	-	-	-	-
472	99	SONSTIGE SIEDLUNGSABFÄLLE EINSCHLIESSLICH ÄHNLICHER GEWERBEABFÄLLE	-	-	-	-	-	-	-	-	-	-	-	-
473	991	SONSTIGE SIEDLUNGSABFÄLLE EINSCHLIESSLICH ÄHNLICHER GEWERBEABFÄLLE	-	-	-	-	-	-	-	-	-	-	-	-
474	99102	Moorschlamm und Heilerde	-	-	-	-	-	-	-	-	-	-	-	-
		Summen	1.197.675	38.407.077	127.430	710.836	3.502.400	8.077	102.110	15.500	72.637	3.871.007	647.619	48.662.368

Quellen: Branchenkonzepte

Anhang I/3

Massenangaben für nicht gefährliche Abfälle nach Angaben der Ämter der Landesregierungen

- gegliedert nach Abfallgruppen gemäß ÖNORM S 2100 (1990)
- gegliedert nach Abfalluntergruppen gemäß ÖNORM S 2100 (1990)
- gegliedert nach Abfallschlüsselnummern gemäß ÖNORMEN S 2101 (1983) und S 2100 (1990)

Nicht gefährliche Abfälle nach Angaben der Ämter der Landesregierungen, gegliedert nach Abfallgruppen (Angaben in Tonnen)

Lfd. Nr.	GR	Abfallgruppenbezeichnungen gemäß ÖNORM S 2100 (1990)	Burgenland[a]	Kärnten[b]	Nieder-österreich[c]	Ober-österreich[d]	Salzburg[e]	Steiermark[f]	Tirol[g]	Vorarlberg[h]	Wien[i]	Summe der Bundesländer
1	11	NAHRUNGS- UND GENUSSMITTELABFÄLLE	235.000	10	,	,	19.593	,	14.969	14.500	12.988	297.060
2	12	ABFÄLLE PFLANZLICHER UND TIERISCHER FETTERZEUGNISSE	,	,	,	,	3.640	,	3.050	,	269	6.959
3	13	ABFÄLLE AUS DER TIERHALTUNG UND SCHLACHTUNG	74.000	,	,	,	7.726	,	3.691	,	41.404	126.822
4	14	HÄUTE UND LEDERABFÄLLE	,	198	,	,	,	,	107	,	333	638
5	17	HOLZABFÄLLE	26.000	21.229	73.700	0	199.424	17.810	73.244	300	58.626	470.333
6	18	ZELLULOSE-, PAPIER- UND PAPPEABFÄLLE	,	953	,	,	68.322	,	58.216	,	211.589	339.080
7	19	ANDERE ABFÄLLE AUS DER VERARBEITUNG UND VEREDELUNG TIERISCHER UND PFLANZLICHER PRODUKTE	,	,	,	,	,	,	,	,	2	2
8	31	ABFÄLLE MINERALISCHEN URSPRUNGS (OHNE METALLABFÄLLE)	1.029.935	1.634.483	3.818.000	6.600.000	1.165.739	5.063.020	1.629.254	1.075.000	3.825.109	25.840.540
9	35	METALLABFÄLLE	,	57	,	,	12.127	,	12.785	,	45.153	70.122
10	39	ANDERE ABFÄLLE MINERALISCHEN URSPRUNGS SOWIE ABFÄLLE VON VEREDELUNGSPRODUKTEN	,	,	,	,	,	,	8.646	,	11	8.657
11	51	OXIDE, HYDROXIDE, SALZABFÄLLE	,	459	,	,	,	,	9	,	7	475
12	52	ABFÄLLE VON SÄUREN, LAUGEN, KONZENTRATEN	,	,	,	,	371	,	2.681	,	85	3.137
13	53	ABFÄLLE VON PFLANZENBEHANDLUNGS- UND SCHÄDLINGSBEKÄMPFUNGSMITTELN SOWIE VON PHARMAZEUTISCHEN ERZEUGNISSEN UND DESINFEKTIONSMITTELN	,	,	,	,	,	,	,	,	132	132
14	54	ABFÄLLE VON MINERALÖL- UND KOHLEVEREDELUNGSPRODUKTEN	,	,	,	,	8.867	,	324	,	152	9.342
15	55	ABFÄLLE VON ORGANISCHEN LÖSEMITTELN, FARBEN, LACKEN, KLEBSTOFFEN, KITTEN UND HARZEN	,	,	,	,	386	,	38	,	152	575
16	57	KUNSTSTOFF-UND GUMMIABFÄLLE	3.500	2.664	,	14.572	18.068	,	12.006	,	4.659	55.469
17	58	TEXTILABFÄLLE (NATUR- UND CHEMIEFASERPRODUKTE)	3.000	55	,	,	953	,	2.274	,	899	7.181
18	59	ANDERE ABFÄLLE CHEMISCHER UMWANDLUNGS- UND SYNTHESEPRODUKTE	,	,	,	,	10.467	,	2.190	,	64	12.721
19	71	RADIOAKTIVE ABFÄLLE	,	,	,	,	,	,	,	,	0	0
20	91	FESTE SIEDLUNGSABFÄLLE EINSCHLIESSLICH ÄHNLICHER GEWERBEABFÄLLE	1.760	115.491	405.000	429.405	70.662	28.403	50.424	16.000	998.968	2.116.113

Nicht gefährliche Abfälle nach Angaben der Ämter der Landesregierungen, gegliedert nach Abfallgruppen (Angaben in Tonnen)

Lfd. Nr.	GR	Abfallgruppenbezeichnungen gemäß ÖNORM S 2100 (1990)	Burgenland[a]	Kärnten[b]	Nieder-österreich[c]	Ober-österreich[d]	Salzburg[e]	Steiermark[f]	Tirol[g]	Vorarlberg[h]	Wien[i]	Summe der Bundesländer
21	94	ABFÄLLE AUS WASSERAUFBEREITUNG, ABWASSERBEHANDLUNG UND GEWÄSSERNUTZUNG	24.000	21.601	166.600	229.629	111.530	192.400	67.392	64.150	197.470	1.074.772
22	95	FLÜSSIGE ABFÄLLE AUS ABFALLBEHANDLUNGSANLAGEN	,	,	,	,	231	,	32	,	221.442	221.705
23	97	ABFÄLLE AUS DEM MEDIZINISCHEN BEREICH	,	,	,	,	256	6.793	4	,	11.404	18.456
24	99	SONSTIGE SIEDLUNGSABFÄLLE EINSCHLIESSLICH ÄHNLICHER GEWERBEABFÄLLE	42.000	38.198	143.618	208.649	,	223.079	2	65.000	31.661	752.207
		Summen	**1.439.195**	**1.835.398**	**4.606.918**	**7.482.255**	**1.698.362**	**5.531.505**	**1.941.338**	**1.234.950**	**5.662.577**	**31.432.499**

Quellen:

a. Burgenländischer Abfallwirtschaftsplan 1997
b. Kärntner Umweltbericht 1994
c. Niederösterreichischer Abfallwirtschaftsbericht 1995 und Angaben des Amtes der Landesregierung
d. Oberösterreichischer Abfallbericht 1995
e. Abfallwirtschaftsbericht des Landes Salzburg
f. STAWIKO 1995
g. Tiroler Gewerbeabfallkataster
h. Vorarlberger Abfallwirtschaftskonzept 1997
i. Angaben MA 48 Wien

Nicht gefährliche Abfälle nach Angaben der Ämter der Landesregierungen, gegliedert nach Abfalluntergruppen (Angaben in Tonnen)

Lfd. Nr.	UGR	Abfalluntergruppenbezeichnungen gemäß ÖNORM S 2100 (1990)	Burgenland[a]	Kärnten[b]	Nieder-österreich[c]	Ober-österreich[d]	Salzburg[e]	Steiermark[f]	Tirol[g]	Vorarlberg[h]	Wien[i]	Summe der Bundesländer
1	111	ABFÄLLE AUS DER NAHRUNGSMITTELPRODUKTION	235.000	10	.	.	1.129	.	6.908	.	937	243.984
2	114	ABFÄLLE AUS DER GENUSSMITTELPRODUKTION	.	.	.	.	18.465	.	8.058	14.500	12.050	53.073
3	117	ABFÄLLE AUS DER FUTTERMITTELPRODUKTION	.	.	.	.	.	.	3	.	0	3
4	121	ABFÄLLE AUS DER PRODUKTION PFLANZLICHER UND TIERISCHER ÖLE	.	.	.	.	.	.	.	.	0	0
5	123	ABFÄLLE AUS DER PRODUKTION PFLANZLICHER UND TIERISCHER FETTE UND WACHSE	.	.	.	.	.	.	0	.	0	0
6	125	EMULSIONEN UND GEMISCHE MIT PFLANZLICHEN UND TIERISCHEN FETTPRODUKTEN	.	.	.	.	3.640	.	3.050	.	0	6.690
7	127	SCHLÄMME AUS DER PRODUKTION PFLANZLICHER UND TIERISCHER FETTE	.	.	.	.	.	.	.	.	19	19
8	129	RAFFINATIONSRÜCKSTÄNDE AUS DER VERARBEITUNG PFLANZLICHER UND TIERISCHER FETTE	.	.	.	.	.	.	.	.	250	250
9	131	SCHLACHTABFÄLLE	74.000	.	.	.	7.726	.	2.448	.	24.773	108.947
10	134	TIERKÖRPER	.	.	.	.	.	.	723	.	1.216	1.939
11	137	TIERISCHE FÄKALIEN	.	.	.	.	.	.	520	.	15.416	15.936
12	141	ABFÄLLE VON HÄUTEN UND FELLEN	.	.	.	.	.	.	15	.	24	39
13	147	LEDERABFÄLLE	.	198	.	.	.	.	92	.	309	599
14	171	HOLZABFÄLLE AUS DER BE- UND VERARBEITUNG	10.000	1.229	.	.	158.155	.	29.781	.	1	199.165
15	172	HOLZABFÄLLE AUS DER ANWENDUNG	16.000	20.000	73.700	0	41.270	17.810	43.463	300	58.625	271.167
16	181	ABFÄLLE AUS DER ZELLSTOFFHERSTELLUNG	.	.	.	.	.	.	1.505	.	0	1.505
17	184	ABFÄLLE AUS DER ZELLULOSEVERARBEITUNG	.	.	.	.	.	.	1.134	.	0	1.134
18	187	PAPIER- UND PAPPEABFÄLLE	.	953	.	.	68.322	.	55.577	.	211.589	336.441
19	199	ANDERE ABFÄLLE AUS DER VERARBEITUNG UND VEREDELUNG TIERISCHER UND PFLANZLICHER PRODUKTE	.	.	.	.	.	.	.	.	2	2
20	311	OFENAUSBRÜCHE, HÜTTEN- UND GIESSEREISCHUTT	.	.	.	.	362	.	484	.	26.670	27.516
21	312	METALLURGISCHE SCHLACKEN, KRÄTZEN, STÄUBE	.	.	.	.	1.269	.	1.054	.	2.720	5.043
22	313	ASCHEN, SCHLACKEN UND STÄUBE AUS DER THERMISCHEN ABFALLBEHANDLUNG UND AUS FEUERUNGSANLAGEN	.	.	.	.	912	.	627	.	2.294	3.833

Nicht gefährliche Abfälle nach Angaben der Ämter der Landesregierungen, gegliedert nach Abfalluntergruppen (Angaben in Tonnen)

Lfd. Nr.	UGR	Abfalluntergruppenbezeichnungen gemäß ÖNORM S 2100 (1990)	Burgenland[a]	Kärnten[b]	Nieder-österreich[c]	Ober-österreich[d]	Salzburg[e]	Steiermark[f]	Tirol[g]	Vorarlberg[h]	Wien[i]	Summe der Bundesländer
23	314	SONSTIGE FESTE MINERALISCHE ABFÄLLE	1.029.935	1.634.032	3.818.000	6.600.000	1.160.988	5.063.020	1.612.522	1.075.000	3.792.081	25.785.579
24	316	MINERALISCHE SCHLÄMME	.	451	.	.	2.208	.	14.567	.	1.344	18.570
25	351	EISEN- UND STAHLABFÄLLE	.	.	.	.	2.323	.	842	.	31.304	34.469
26	353	NE-METALLABFÄLLE	.	.	.	.	9.565	.	11.778	.	13.833	35.176
27	355	METALLSCHLÄMME	.	57	.	.	239	.	165	.	15	476
28	399	ANDERE ABFÄLLE MINERALISCHEN URSPRUNGS SOWIE ABFÄLLE VON VEREDELUNGSPRODUKTEN	.	.	.	.	.	.	8.646	.	11	8.657
29	511	GALVANIKSCHLÄMME	.	.	.	.	.	.	.	.	1	1
30	513	SONSTIGE OXIDE UND HYDROXIDE	.	459	.	.	.	.	9	.	1	469
31	515	SALZABFÄLLE	.	.	.	.	.	.	0	.	5	5
32	524	LAUGEN	.	.	.	.	371	.	2.628	.	31	3.031
33	527	KONZENTRATE	.	.	.	.	.	.	53	.	53	106
34	535	ABFÄLLE VON ARZNEIMITTELERZEUGNISSEN	.	.	.	.	.	.	.	.	132	132
35	541	ABFÄLLE VON MINERALÖLEN UND SYNTHETISCHEN ÖLEN	.	.	.	.	.	.	.	.	1	1
36	544	ABFÄLLE VON EMULSIONEN UND GEMISCHEN VON MINERALÖLPRODUKTEN	.	.	.	.	.	.	6	.	15	21
37	547	MINERALÖLSCHLÄMME	.	.	.	.	.	.	2	.	0	2
38	549	SONSTIGE ABFÄLLE VON MINERALÖLPRODUKTEN UND AUS DER ERDÖLVERARBEITUNG UND KOHLEVEREDELUNG	.	.	.	.	8.867	.	316	.	135	9.318
39	555	ABFÄLLE VON FARBMITTELN UND ANSTRICHMITTELN	.	.	.	.	182	.	.	.	48	230
40	559	ABFÄLLE VON KLEBSTOFFEN, KITTEN, NICHTAUSGEHÄRTETEN HARZEN	.	.	.	.	203	.	38	.	104	345
41	571	AUSGEHÄRTETE KUNSTSTOFFABFÄLLE	2.000	1.695	.	.	16.226	.	7.397	.	2.463	29.781
42	573	KUNSTSTOFFSCHLÄMME UND -EMULSIONEN	.	.	.	.	.	.	120	.	13	133
43	575	FESTE GUMMIABFÄLLE (EINSCHLIESSLICH ALTREIFEN)	1.500	.	.	6.346	1.841	.	4.320	.	2.183	16.191
44	577	GUMMISCHLÄMME UND -EMULSIONEN	.	.	.	.	.	.	169	.	1	170
45	578	SHREDDERRÜCKSTÄNDE	.	969	.	8.226	.	.	.	.	0	9.195
46	581	TEXTILABFÄLLE UND SCHLÄMME	3.000	55	.	.	953	.	2.274	.	894	7.176
47	582	TEXTILIEN, VERUNREINIGT	.	.	.	.	.	.	0	.	5	5
48	594	DETERGENTIEN- UND WASCHMITTELABFÄLLE	.	.	.	.	.	.	8	.	51	59
49	598	ABFÄLLE VON GEFASSTEN GASEN	.	.	.	.	.	.	3	.	13	16

Nicht gefährliche Abfälle nach Angaben der Ämter der Landesregierungen, gegliedert nach Abfalluntergruppen (Angaben in Tonnen)

Lfd. Nr.	UGR	Abfalluntergruppenbezeichnungen gemäß ÖNORM S 2100 (1990)	Burgenland[a]	Kärnten[b]	Nieder-österreich[c]	Ober-österreich[d]	Salzburg[e]	Steiermark[f]	Tirol[g]	Vorarlberg[h]	Wien[i]	Summe der Bundesländer
50	599	SONSTIGE ABFÄLLE AUS UMWANDLUNGSPROZESSEN UND SYNTHESEPROZESSEN	,	,	,	,	10.467	,	2.179	,	0	12.646
51	911	HAUSMÜLL	,	11.501	,	,	9.870	,	14.022	,	587.993	623.386
52	912	HAUSMÜLLÄHNLICHE GEWERBEABFÄLLE	1.760	100.000	368.000	375.000	32.956	20.900	33.552	10.000	279.323	1.221.491
53	914	SPERRMÜLL	,	,	,	,	984	,	310	,	42.760	44.053
54	915	STRASSENKEHRICHT	,	3.500	,	,	,	4.203	2	6.000	43.305	57.010
55	916	MARKTABFÄLLE	,	,	,	,	,	,	19	,	12.276	12.295
56	917	GRÜNABFÄLLE	,	490	37.000	54.405	26.852	3.300	2.519	,	33.312	157.878
57	941	SCHLÄMME AUS DER WASSERAUFBEREITUNG	,	,	,	,	1.744	,	15.362	,	29	17.136
58	943	NICHTSTABILISIERTE SCHLÄMME AUS MECHANISCH-BIOLOGISCHER ABWASSERBEHANDLUNG, SOWEIT SIE NICHT IN ANDEREN POSITIONEN ENTHALTEN SIND (ROHSCHLAMM, FRISCHSCHLAMM)	,	,	,	40.000	13.144	,	,	30.000	0	83.144
59	945	STABILISIERTE SCHLÄMME AUS MECHANISCH-BIOLOGISCHER ABWASSERBEHANDLUNG, SOWEIT SIE NICHT IN ANDEREN POSITIONEN ENTHALTEN SIND	24.000	19.500	60.000	81.300	28.200	82.500	49.747	30.000	183.900	559.147
60	947	RÜCKSTÄNDE AUS DER KANALISATION UND ABWASSERBEHANDLUNG (AUSGENOMMEN SCHLÄMME)	,	2.101	,	12.110	3.084	24.900	1.450	4.150	13.472	61.267
61	948	SCHLÄMME AUS DER ABWASSERBEHANDLUNG	,	,	100.000	96.219	45.377	85.000	833	,	68	327.498
62	949	ABFÄLLE AUS DER GEWÄSSERNUTZUNG	,	,	6.600	,	19.980	,	,	,	0	26.580
63	951	FÄKALIEN AUS SAMMELGRUBEN	,	,	,	,	231	,	32	,	0	263
64	954	FLÜSSIGE ABFÄLLE AUS DER THERMISCHEN ABFALLBEHANDLUNG UND AUS FEUERUNGSANLAGEN	,	,	,	,	,	,	,	,	221.442	221.442
65	971	ABFÄLLE AUS DEM MEDIZINISCHEN BEREICH	,	,	,	,	256	6.793	4	,	11.404	18.456
66	991	SONSTIGE SIEDLUNGSABFÄLLE EINSCHLIESSLICH ÄHNLICHER GEWERBEABFÄLLE	,	,	,	,	,	,	2	,	0	2
67		NICHT NÄHER SPEZIFIZIERTE BETRIEBLICHE ABFÄLLE	42.000	38.198	143.618	208.649	,	223.079	,	65.000	31.661	752.205
		Summen	**1.439.195**	**1.835.398**	**4.606.918**	**7.482.255**	**1.698.362**	**5.531.505**	**1.941.338**	**1.234.950**	**5.662.577**	**31.432.499**

Quellen:

a. Burgenländischer Abfallwirtschaftsplan 1997

b. Kärntner Umweltbericht 1994

c. Niederösterreichischer Abfallwirtschaftsbericht 1995 und Angaben des Amtes der Landesregierung

Nicht gefährliche Abfälle nach Angaben der Ämter der Landesregierungen, gegliedert nach Abfalluntergruppen (Angaben in Tonnen)

Quellen:

d. Oberösterreichischer Abfallbericht 1995

e. Abfallwirtschaftsbericht des Landes Salzburg

f. STAWIKO 1995

g. Tiroler Gewerbeabfallkataster

h. Vorarlberger Abfallwirtschaftskonzept 1997

i. Angaben MA 48 Wien

Nicht gefährliche Abfälle nach Angaben der Ämter der Landesregierungen (Angaben in Tonnen)

Lfd. Nr.	SN	Abfallbezeichnungen der ÖNORM S 2100 (1990)	Burgenland[a]	Kärnten[b]	Nieder-österreich[c]	Ober-österreich[d]	Salzburg[e]	Steiermark[f]	Tirol[g]	Vorarlberg[h]	Wien[i]	Summe der Bundesländer
1	11	NAHRUNGS- UND GENUSSMITTELABFÄLLE	235.000 (inkl. Stroh- + Grünabfälle)	,	,	,	,	,	,	,	,	235.000
2	111	ABFÄLLE AUS DER NAHRUNGSMITTELPRODUKTION	,	,	,	,	,	,	,	,	,	,
3	11102	überlagerte Lebensmittel	,	,	,	,	1.027	,	3.252	,	6	4.285
4	11103	Spelze, Spelzen- und Getreidestaub	,	,	,	,	,	,	368	,	0	368
5	11104	Würzmittelrückstände	,	,	,	,	,	,	1	,	0	1
6	11110	Melasse	,	,	,	,	,	,	,	,	0	0
7	11111	Teig	,	,	,	,	102	,	63	,	145	310
8	11112	Rübenschnitzel, Rübenschwänze	,	,	,	,	,	,	,	,	0	0
9	11114	sonstige schlammförmige Nahrungsmittelabfälle	,	,	,	,	,	,	384	,	282	666
10	11115	Rückstände aus der Konserven- und Tiefkühlfabrikation (Fleisch, Fisch)	,	,	,	,	,	,	1.420	,	0	1.420
11	11116	überlagerte Lebensmittelkonserven; Glas und Metall	,	10	,	,	,	,	,	,	0	10
12	11117	Rückstände aus der Konserven- und Tiefkühlfabrikation (Obst, Gemüse, Pilze)	,	,	,	,	,	,	1.420	,	505	1.925
13	114	ABFÄLLE AUS DER GENUSSMITTELPRODUKTION	,	,	,	,	,	,	,	,	,	,
14	11401	überlagerte Genußmittel	,	,	,	,	,	,	65	,	9	74
15	11402	Tabakstaub, Tabakgrus, Tabakrippen	,	,	,	,	,	,	23	,	0	23
16	11404	Malztreber, Malzkeime, Malzstaub	,	,	,	,	16.670	,	3.279	,	9.160	29.109
17	11405	Hopfentreber	,	,	,	,	,	,	22	,	62	84
18	11406	Ausputz- und Schwimmgerste	,	,	,	,	,	,	,	,	0	0
19	11407	Obst-, Getreide- und Kartoffelschlempe	,	,	,	,	362	,	3.220	,	14	3.596
20	11411	Trub und Schlamm aus Brauereien	,	,	,	,	1.433	,	29	,	9	1.470
21	11413	Schlamm aus der Weinbereitung	,	,	,	,	,	,	1	,	3	4
22	11414	Schlamm aus Brennereien	,	,	,	,	,	,	62	,	17	79
23	11415	Trester	,	,	,	,	,	,	745	14.500	1.020	16.265
24	11416	Fabrikationsrückstände von Kaffee (z.B. Röstgut und Extraktionsrückstände)	,	,	,	,	,	,	,	,	2	2
25	11417	Fabrikationsrückstände von Tee	,	,	,	,	,	,	,	,	0	0
26	11418	Fabrikationsrückstände von Kakao	,	,	,	,	,	,	,	,	40	40
27	11419	Hefe oder hefeähnliche Rückstände	,	,	,	,	,	,	612	,	1.715	2.327
28	11422	Schlamm aus der Tabakverarbeitung	,	,	,	,	,	,	,	,	0	0
29	11423	Rückstände und Abfälle aus Fruchtsaftproduktion	,	,	,	,	,	,	,	,	0	0
30	117	ABFÄLLE AUS DER FUTTERMITTELPRODUKTION	,	,	,	,	,	,	,	,	,	,
31	11701	Futtermittel	,	,	,	,	,	,	3	,	0	3

Nicht gefährliche Abfälle nach Angaben der Ämter der Landesregierungen (Angaben in Tonnen)

Lfd. Nr.	SN	Abfallbezeichnungen der ÖNORM S 2100 (1990)	Burgenland[a]	Kärnten[b]	Nieder-österreich[c]	Ober-österreich[d]	Salzburg[e]	Steiermark[f]	Tirol[g]	Vorarlberg[h]	Wien[i]	Summe der Bundesländer
32	11702	überlagerte Futtermittel	,	,	,	,	,	,	,	,	0	0
33	11703	überlagerte Futtermittelkonserven, Glas und Metall	,	,	,	,	,	,	,	,	0	0
34	12	ABFÄLLE PFLANZLICHER UND TIERISCHER FETTERZEUGNISSE	,	,	,	,	,	,	,	,	,	,
35	121	ABFÄLLE AUS DER PRODUKTION PFLANZLICHER UND TIERISCHER ÖLE	,	,	,	,	,	,	,	,	,	,
36	12101	Ölsaatenrückstände	,	,	,	,	,	,	,	,	0	0
37	123	ABFÄLLE AUS DER PRODUKTION PFLANZLICHER UND TIERISCHER FETTE UND WACHSE	,	,	,	,	,	,	,	,	,	,
38	12301	Wachse	,	,	,	,	,	,	< 500 kg	,	0	0
39	125	EMULSIONEN UND GEMISCHE MIT PFLANZLICHEN UND TIERISCHEN FETTPRODUKTEN	,	,	,	,	,	,	,	,	,	,
40	12502	Molke	,	,	,	,	3.640	,	3.050	,	0	6.690
41	126	PRODUKTE AUS PFLANZENÖLEN	,	,	,	,	,	,	,	,	,	,
42	127	SCHLÄMME AUS DER PRODUKTION PFLANZLICHER UND TIERISCHER FETTE	,	,	,	,	,	,	,	,	,	,
43	12702	Schlamm aus der Speisefettproduktion	,	,	,	,	,	,	,	,	2	2
44	12703	Schlamm aus der Speiseölproduktion	,	,	,	,	,	,	,	,	18	18
45	12704	Zentrifugenschlamm	,	,	,	,	,	,	,	,	0	0
46	129	RAFFINATIONSRÜCKSTÄNDE AUS DER VERARBEITUNG PFLANZLICHER UND TIERISCHER FETTE	,	,	,	,	,	,	,	,	,	,
47	12901	Bleicherde, ölhaltig	,	,	,	,	,	,	,	,	250	250
48	13	ABFÄLLE AUS DER TIERHALTUNG UND SCHLACHTUNG	,	,	,	,	,	,	,	,	,	,
49	131	SCHLACHTABFÄLLE	74.000	,	,	,	,	,	,	,	,	74.000
50	13101	Borsten und Horn	,	,	,	,	,	,	34	,	5	39
51	13102	Knochen	,	,	,	,	1.885	,	1.632	,	22.299	25.817
52	13103	Innereien	,	,	,	,	3.258	,	140	,	0	3.398
53	13104	Geflügel	,	,	,	,	,	,	16	,	0	16
54	13105	Fisch	,	,	,	,	,	,	1	,	0	1
55	13106	Blut	,	,	,	,	1.652	,	158	,	409	2.220
56	13107	Federn	,	,	,	,	,	,	188	,	0	188
57	13108	Magen- und Darminhalte	,	,	,	,	400	,	242	,	0	642
58	13109	Wildabfälle	,	,	,	,	,	,	37	,	0	37
59	13110	Fleisch- und Hautreste, Därme, sonstige Tierkörperteile	,	,	,	,	531	,	,	,	2.059	2.591

Nicht gefährliche Abfälle nach Angaben der Ämter der Landesregierungen (Angaben in Tonnen)

Lfd. Nr.	SN	Abfallbezeichnungen der ÖNORM S 2100 (1990)	Burgenland[a]	Kärnten[b]	Nieder-österreich[c]	Ober-österreich[d]	Salzburg[e]	Steiermark[f]	Tirol[g]	Vorarlberg[h]	Wien[i]	Summe der Bundesländer
60	134	TIERKÖRPER	,	,	,	,	,	,	,	,	,	,
61	13402	Konfiskate	,	,	,	,	,	,	53	,	0	53
62	13403	Kadaver	,	,	,	,	,	,	653	,	829	1.482
63	13404	Tierkörperteile	,	,	,	,	,	,	17	,	387	404
64	137	TIERISCHE FÄKALIEN	,	,	,	,	,	,	,	,	,	,
65	13701	Geflügelkot	,	,	,	,	,	,	1	,	0	1
66	13702	Schweinegülle	,	,	,	,	,	,	4	,	0	4
67	13703	Rindergülle	,	,	,	,	,	,	,	,	15.416	15.416
68	13704	Mist	,	,	,	,	,	,	515	,	0	515
69	14	HÄUTE UND LEDERABFÄLLE	,	,	,	,	,	,	,	,	,	,
70	141	ABFÄLLE VON HÄUTEN UND FELLEN	,	,	,	,	,	,	,	,	,	,
71	14101	Leimleder	,	,	,	,	,	,	,	,	0	0
72	14102	Rohspalt	,	,	,	,	,	,	,	,	0	0
73	14103	Gelatinespalt	,	,	,	,	,	,	,	,	0	0
74	14104	Felle und Häute	,	,	,	,	,	,	15	,	24	39
75	144	ABFÄLLE AUS GERBEREIEN (AUSGENOMMEN LEDERCHEMIKALIEN)	,	,	,	,	,	,	,	,	,	,
76	14401	Äschereischlamm	,	,	,	,	,	,	,	,	0	0
77	14402	Gerbereischlamm	,	,	,	,	,	,	,	,	0	0
78	147	LEDERABFÄLLE	,	198	,	,	,	,	,	,	,	198
79	14702	Chromlederabfälle	,	,	,	,	,	,	28	,	161	189
80	14703	Pelzabfälle und nicht chromgegerbte Leder	,	,	,	,	,	,	26	,	14	40
81	14704	Lederschleifschlamm, Ledermehl	,	,	,	,	,	,	6	,	20	26
82	14706	sonstige Abfälle aus Pelz- und Lederverarbeitung	,	,	,	,	,	,	32	,	114	146
83	17	HOLZABFÄLLE	,	1.229	,	,	,	,	,	,	,	1.229
84	171	HOLZABFÄLLE AUS DER BE- UND VERARBEITUNG	10.000	,	,	,	,	,	,	,	,	10.000
85	17101	Rinde	,	,	,	,	52.497	,	223	,	0	52.720
86	17102	Schwarten, Spreißel aus sauberem, unbeschichtetem Holz	,	,	,	,	5.996	,	897	,	0	6.893
87	17103	Sägemehl und Sägespäne aus sauberem, unbeschichtetem Holz	,	,	,	,	99.663	,	28.570	,	0	128.233
88	17104	Holzschleifstäube und Holzschleifschlämme	,	,	,	,	,	,	91	,	1	92
89	17114	Staub und Schlamm aus Spanplattenherstellung	,	,	,	,	,	,	< 500 kg	,	0	0
90	17115	Spanplattenabfälle	,	,	,	,	,	,	,	,	0	0
91	172	HOLZABFÄLLE AUS DER ANWENDUNG	,	,	,	,	,	,	,	,	,	,

Nicht gefährliche Abfälle nach Angaben der Ämter der Landesregierungen (Angaben in Tonnen)

Lfd. Nr.	SN	Abfallbezeichnungen der ÖNORM S 2100 (1990)	Burgenland[a]	Kärnten[b]	Nieder-österreich[c]	Ober-österreich[d]	Salzburg[e]	Steiermark[f]	Tirol[g]	Vorarlberg[h]	Wien[i]	Summe der Bundesländer
92	17201	Holzemballagen und Holzabfälle, nicht verunreinigt	.	.	.	.	39.853	.	43.405	.	16.220	99.478
93	17202	Bau- und Abbruchholz	16.000	20.000	73.700	k.A.	1.417	17.810	56	300	42.282	171.565
94	17203	Holzwolle, nicht verunreinigt	.	.	.	.	.	.	2	.	0	2
95	17207	Eisenbahnschwellen	.	.	.	.	.	.	.	.	104	104
96	17209	Holz (z.B. Pfähle und Masten), ölimprägniert	.	.	.	.	.	.	.	.	18	18
97	18	ZELLULOSE-, PAPIER- UND PAPPEABFÄLLE	.	.	.	.	.	.	.	.	.	.
98	181	ABFÄLLE AUS DER ZELLSTOFFHERSTELLUNG	.	.	.	.	.	.	.	.	.	.
99	18101	Rückstände aus der Zellstoffherstellung (Spuckstoffe und Äste)	.	.	.	.	.	.	1.505	.	0	1.505
100	18102	Rückstände aus der Chemikalienrückgewinnung der Zellstoffherstellung	.	.	.	.	.	.	.	.	0	0
101	184	ABFÄLLE AUS DER ZELLULOSEVERARBEITUNG	.	.	.	.	.	.	.	.	.	.
102	18401	Rückstände aus der Papiergewinnung (Spuckstoffe) ohne Altpapieraufbereitung	.	.	.	.	.	.	1.134	.	0	1.134
103	18407	Rückstände aus der Altpapierverarbeitung	.	.	.	.	.	.	.	.	0	0
104	18408	Abfälle aus der Zelluloseregeneratfaserherstellung	.	.	.	.	.	.	.	.	0	0
105	187	PAPIER- UND PAPPEABFÄLLE	.	.	.	.	.	.	.	.	.	.
106	18701	Schnitt- und Stanzabfälle	.	350	.	.	.	.	4	.	25	379
107	18702	Papier und Pappe, beschichtet	.	.	.	.	418	.	.	.	1.756	2.174
108	18703	Fotopapier	.	.	.	.	.	.	151	.	0	151
109	18704	wachsgetränktes Papier	.	.	.	.	.	.	< 500 kg	.	0	0
110	18705	Teerpappe und bitumengetränktes Papier	.	603	.		297	.	407	.	8	1.315
111	18706	Papierklischees, Makulatur	.	.	.	.	.	.	56	.	0	56
112	18720	Papier und Pappe, unbeschichtet	.	.	.	.	24.333 t Altpapier, 43.275 t Karton u. Pappe	.	54.959	.	209.800	332.366
113	19	ANDERE ABFÄLLE AUS DER VERARBEITUNG UND VEREDELUNG TIERISCHER UND PFLANZLICHER PRODUKTE	.	.	.	.	.	.	.	.	.	.

Nicht gefährliche Abfälle nach Angaben der Ämter der Landesregierungen (Angaben in Tonnen)

Lfd. Nr.	SN	Abfallbezeichnungen der ÖNORM S 2100 (1990)	Burgenland[a]	Kärnten[b]	Nieder-österreich[c]	Ober-österreich[d]	Salzburg[e]	Steiermark[f]	Tirol[g]	Vorarlberg[h]	Wien[i]	Summe der Bundesländer
114	199	ANDERE ABFÄLLE AUS DER VERARBEITUNG UND VEREDELUNG TIERISCHER UND PFLANZLICHER PRODUKTE	,	,	,	,	,	,	,	,	,	,
115	19901	Stärkeschlamm	,	,	,	,	,	,	,	,	0	0
116	19903	Gelatineabfälle	,	,	,	,	,	,	,	,	0	0
117	19904	Rückstände aus der Kartoffelstärkeproduktion	,	,	,	,	,	,	,	,	0	0
118	19905	Rückstände aus der Maisstärkeproduktion	,	,	,	,	,	,	,	,	0	0
119	19906	Rückstände aus der Reisstärkeproduktion	,	,	,	,	,	,	,	,	0	0
120	19908	Seifenunterlauge	,	,	,	,	,	,	,	,	2	2
121	19909	Sudkesselrückstände (Seifenherstellung)	,	,	,	,	,	,	,	,	0	0
122	19910	Schlamm aus Seifensiedereien	,	,	,	,	,	,	,	,	0	0
123	19911	Darmabfälle aus der Verarbeitung	,	,	,	,	,	,	,	,	0	0
124	31	ABFÄLLE MINERALISCHEN URSPRUNGS (OHNE METALLABFÄLLE)	,	,	,	,	,	,	,	,	,	,
125	311	OFENAUSBRÜCHE, HÜTTEN- UND GIESSEREISCHUTT	,	,	,	,	,	,	,	,	,	,
126	31102	SiO2-Tiegelbruch	,	,	,	,	,	,	227	,	14	241
127	31103	Ofenausbruch aus metallurgischen Prozessen	,	,	,	,	362	,	257	,	306	925
128	31104	Ofenausbruch aus nichtmetallurgischen Prozessen	,	,	,	,	,	,	,	,	50	50
129	31105	Ausbruch aus Feuerungs- und Verbrennungsanlagen	,	,	,	,	,	,	,	,	251	251
130	31106	Dolomit	,	,	,	,	,	,	,	,	26.045	26.045
131	31107	Chrommagnesit	,	,	,	,	,	,	,	,	0	0
132	31111	Hütten- und Gießereischutt	,	,	,	,	,	,	,	,	4	4
133	312	METALLURGISCHE SCHLACKEN, KRÄTZEN, STÄUBE	,	,	,	,	,	,	,	,	,	,
134	31202	Kupolofenschlacke	,	,	,	,	,	,	128	,	1.056	1.184
135	31203	Schlacken aus NE-Metallschmelzen	,	,	,	,	,	,	756	,	0	756
136	31208	Eisenoxid, gesintert	,	,	,	,	,	,	,	,	0	0
137	31210	Zinkschlacke	,	,	,	,	215	,	,	,	0	215
138	31213	Zinnaschen	,	,	,	,	,	,	1	,	0	1
139	31215	Gichtgasstäube	,	,	,	,	,	,	< 500 kg	,	1.103	1.103
140	31217	Filterstäube, NE-metallhaltig	,	,	,	,	,	,	162	,	0	162
141	31218	Elektroofenschlacke	,	,	,	,	,	,	7	,	560	567
142	31219	Hochofenschlacke	,	,	,	,	1.054	,	,	,	0	1.054

Nicht gefährliche Abfälle nach Angaben der Ämter der Landesregierungen (Angaben in Tonnen)

Lfd. Nr.	SN	Abfallbezeichnungen der ÖNORM S 2100 (1990)	Burgenland[a]	Kärnten[b]	Nieder-österreich[c]	Ober-österreich[d]	Salzburg[e]	Steiermark[f]	Tirol[g]	Vorarlberg[h]	Wien[i]	Summe der Bundesländer
143	31220	Konverterschlacke	,	,	,	,	,	,	,	,	0	0
144	31221	sonstige Schlacke aus der Stahlerzeugung	,	,	,	,	,	,	,	,	1	1
145	31222	Krätzen aus der Eisen- und Stahlerzeugung	,	,	,	,	,	,	,	,	0	0
146	313	ASCHEN, SCHLACKEN UND STÄUBE AUS DER THERMISCHEN ABFALLBEHANDLUNG UND AUS FEUERUNGSANLAGEN	,	,	,	,	,	,	,	,	,	,
147	31301	Flugaschen und -stäube aus Feuerungsanlagen	,	,	,	,	384	,	335	,	124	844
148	31305	Kohlenasche	,	,	,	,	,	,	259	,	96	355
149	31306	Holzasche, Strohasche	,	,	,	,	421	,	33	,	34	487
150	31307	Kesselschlacke	,	,	,	,	,	,	,	,	963	963
151	31315	Rea-Gipse	,	,	,	,	107	,	,	,	1.077	1.184
152	314	SONSTIGE FESTE MINERALISCHE ABFÄLLE	,	,	,	,	,	,	,	,	,	,
153	31401	Gießerei-Altsand	,	,	,	,	1.484	,	785	,	2.128	4.397
154	31402	Putzereisandrückstände, Strahlsandrückstände	,	,	,	,	177	,	182	,	11	370
155	31405	Glasvlies	,	,	,	,	,	,	,	,	0	0
156	31407	Keramik	,	,	,	,	1.251	,	270	,	0	1.521
157	31408	Glas und Altglas	1.935	,	,	,	6.791	,	7.667	,	3.028	19.420
158	31409	Bauschutt (keine Baustellenabfälle)	96.000	200.000	516.000	1.400.000	300.000	297.400	213.300	65.000	510.677	3.598.377
159	31410	Straßenaufbruch	32.000	180.000	354.000	400.000	25.720	218.400	132.600	27.000	376.016	1.745.736
160	31411	Bodenaushub	900.000	1.200.000	2.948.000	4.800.000	800.000	4.500.000	1.255.000	983.000	2.783.000	20.169.000
161	31412	Asbestzement	,	,	,	,	548	,	161	,	17	726
162	31413	Asbestzementstäube	,	,	,	,	,	,	,	,	0	0
163	31414	Schamotte	,	,	,	,	200	,	633	,	59	892
164	31415	Formlehm	,	,	,	,	,	,	,	,	0	0
165	31416	Mineralfasern	,	,	,	,	238	,	26	,	2.230	2.495
166	31417	Aktivkohle	,	,	,	,	,	,	6	,	5	11
167	31418	Gesteinsstäube, Polierstäube	,	,	,	,	,	,	659	,	7	666
168	31419	Feinstaub aus der Schlackenaufbereitung	,	,	,	,	,	,	,	,	0	0
169	31420	Rußabfälle	,	,	,	,	,	,	< 500 kg	,	12	12
170	31421	Kohlenstaub	,	,	,	,	,	,	,	,	0	0
171	31422	Kiesabbrände	,	,	,	,	,	,	,	,	0	0
172	31425	gebrauchte Formsande	,	,	,	,	,	,	246	,	121	367
173	31426	Kernsande	,	,	,	,	,	,	736	,	1.497	2.233
174	31427	Betonabbruch	k.A.	50.000	0	,	22.666	47.220	,	,	113.095	232.981
175	31430	verunreinigte Mineralfaserabfälle	,	,	,	,	,	,	11	,	13	24

Nicht gefährliche Abfälle nach Angaben der Ämter der Landesregierungen (Angaben in Tonnen)

Lfd. Nr.	SN	Abfallbezeichnungen der ÖNORM S 2100 (1990)	Burgenland[a]	Kärnten[b]	Nieder-österreich[c]	Ober-österreich[d]	Salzburg[e]	Steiermark[f]	Tirol[g]	Vorarlberg[h]	Wien[i]	Summe der Bundesländer
176	31432	Graphit, Graphitstaub	,	,	,	,	,	,	,	,	5	5
177	31434	verbrauchte Filter- und Aufsaugmassen mit anwendungsspezifischen nicht schädlichen Beimengungen (z.B. Kieselgur, Aktiverden, Aktivkohle)	,	,	,	,	,	,	,	,	37	37
178	31438	Gips	,	,	,	,	702	,	26	,	0	728
179	31439	mineralische Rückstände aus der Gasreinigung	,	,	,	,	,	,	< 500 kg	,	121	121
180	31442	Kieselsäure- und Quarzabfälle	,	,	,	,	158	,	2	,	2	162
181	31444	Schleifmittel	,	4.032	,	,	886	,	34	,	0	4.952
182	31449	keramische Bottichauskleidungen	,	,	,	,	166	,	178	,	0	344
183	31450	Kesselstein	,	,	,	,	,	,	,	,	0	0
184	31451	Strahlmittelrückstände mit anwendungsspezifischen nicht schädlichen Beimengungen	,	,	,	,	,	,	,	,	0	0
185	31460	Glasurabfälle	,	,	,	,	,	,	,	,	0	0
186	316	MINERALISCHE SCHLÄMME	,	,	,	,	,	,	,	,	,	,
187	31601	Schlamm aus der Betonherstellung	,	,	,	,	,	,	875	,	689	1.564
188	31602	Steinschleifschlamm	,	,	,	,	223	,	4.970	,	339	5.532
189	31603	Filterschlamm aus der Bleicherdeherstellung	,	,	,	,	,	,	,	,	0	0
190	31604	Tonsuspensionen	,	,	,	,	,	,	,	,	0	0
191	31605	Schlamm aus der Zementfabrikation	,	,	,	,	,	,	,	,	0	0
192	31606	Schlamm aus der Kalksandsteinfabrikation	,	,	,	,	,	,	275	,	0	275
193	31607	Schlamm aus der Fertigmörtelherstellung	,	,	,	,	,	,	,	,	0	0
194	31608	Rotschlamm aus der Aluminiumerzeugung	,	,	,	,	,	,	,	,	0	0
195	31609	Asbestzementschlamm	,	,	,	,	,	,	,	,	0	0
196	31610	Emailleschlamm	,	,	,	,	,	,	,	,	14	14
197	31611	Graphitschlamm	,	,	,	,	,	,	,	,	0	0
198	31612	Kalkschlamm	,	,	,	,	1.985	,	2.610	,	7	4.602
199	31613	Gipsschlamm	,	,	,	,	,	,	16	,	16	32
200	31614	Schlamm aus Eisenhütten	,	,	,	,	,	,	,	,	0	0
201	31615	Schlamm aus Stahlwalzwerken	,	,	,	,	,	,	,	,	2	2
202	31616	Schlamm aus Gießereien	,	,	,	,	,	,	47	,	241	288
203	31617	Glasschleifschlamm	,	,	,	,	,	,	109	,	27	136
204	31618	Carbidschlamm	,	,	,	,	,	,	,	,	0	0
205	31619	Gichtgasschlamm	,	,	,	,	,	,	,	,	0	0
206	31622	Magnesiumoxidschlamm	,	,	,	,	,	,	,	,	0	0
207	31624	Eisenoxidschlamm aus Reduktionsprozessen	,	334	,	,	,	,	,	,	0	334

Nicht gefährliche Abfälle nach Angaben der Ämter der Landesregierungen (Angaben in Tonnen)

Lfd. Nr.	SN	Abfallbezeichnungen der ÖNORM S 2100 (1990)	Burgenland[a]	Kärnten[b]	Nieder-österreich[c]	Ober-österreich[d]	Salzburg[e]	Steiermark[f]	Tirol[g]	Vorarlberg[h]	Wien[i]	Summe der Bundesländer
208	31625	Erdschlamm, Sandschlamm, Schlitzwandaushub	,	117	,	,	,	,	1.415	,	0	1.532
209	31626	Schlamm aus der Nichteisenmetall-Erzeugung	,	,	,	,	,	,	89	,	8	97
210	31627	Aluminiumoxidschlamm	,	,	,	,	,	,	4.115	,	0	4.115
211	31631	Bariumsulfatschlamm	,	,	,	,	,	,	,	,	0	0
212	31634	Carbonatationsschlamm	,	,	,	,	,	,	,	,	0	0
213	31635	Rübenerde	,	,	,	,	,	,	,	,	0	0
214	31637	Phosphatierschlamm	,	,	,	,	,	,	46	,	2	48
215	31638	Calciumsulfitschlamm	,	,	,	,	,	,	,	,	0	0
216	31640	Füll- und Trennmittelsuspensionen (Mineral-, Feststoffanteile)	,	,	,	,	,	,	,	,	0	0
217	31641	Calciumfluoridschlamm	,	,	,	,	,	,	,	,	0	0
218	31642	Kesselreinigungsrückstände	,	,	,	,	,	,	< 500 kg	,	0	0
219	35	METALLABFÄLLE	,	,	,	,	,	,	,	,	,	,
220	351	EISEN- UND STAHLABFÄLLE	,	,	,	,	,	,	,	,	,	,
221	35101	eisenhaltiger Staub ohne schädliche Beimengungen	,	,	,	,	340	,	680	,	0	1.020
222	35102	Zunder und Hammerschlag, Walzensinter	,	,	,	,	,	,	,	,	0	0
223	35105	Eisenmetallemballagen und -behältnisse	,	,	,	,	1.983	,	162	,	31.304	33.450
224	353	NE-METALLABFÄLLE	,	,	,	,	,	,	,	,	,	,
225	35301	Stanz- und Zerspanungsabfälle	,	,	,	,	,	,	,	,	0	0
226	35303	Hartzink	,	,	,	,	335	,	,	,	0	335
227	35304	Aluminium, Aluminiumfolien	,	,	,	,	,	,	10	,	45	55
228	35306	Elektronspäne	,	,	,	,	,	,	,	,	0	0
229	35308	Magnesium	,	,	,	,	,	,	,	,	0	0
230	35309	Zink, Zinkplatten	,	,	,	,	,	,	134	,	21	155
231	35310	Kupfer	,	,	,	,	,	,	,	,	0	0
232	35314	Kabel	,	,	,	,	133	,	524	,	2.889	3.546
233	35315	NE-Metallschrott, NE-Metallemballagen, rein	,	,	,	,	9.097	,	11.110	,	10.879	31.086
234	35318	berylliumhaltige Stäube	,	,	,	,	,	,	,	,	0	0
235	355	METALLSCHLÄMME	,	,	,	,	,	,	,	,	,	,
236	35501	Zinkschlamm	,	,	,	,	239	,	13	,	0	252
237	35502	Metallschleifschlamm	,	57	,	,	,	,	,	,	9	66
238	35504	Zinnschlamm	,	,	,	,	,	,	,	,	0	0
239	35505	Anodenschlamm	,	,	,	,	,	,	,	,	0	0
240	35506	Sonstige Metallschlämme	,	,	,	,	,	,	152	,	7	159
241	39	ANDERE ABFÄLLE MINERALISCHEN URSPRUNGS SOWIE ABFÄLLE VON VEREDELUNGSPRODUKTEN	,	,	,	,	,	,	,	,	,	,

Nicht gefährliche Abfälle nach Angaben der Ämter der Landesregierungen (Angaben in Tonnen)

Lfd. Nr.	SN	Abfallbezeichnungen der ÖNORM S 2100 (1990)	Burgenland[a]	Kärnten[b]	Nieder-österreich[c]	Ober-österreich[d]	Salzburg[e]	Steiermark[f]	Tirol[g]	Vorarlberg[h]	Wien[i]	Summe der Bundesländer
242	399	ANDERE ABFÄLLE MINERALISCHEN URSPRUNGS SOWIE ABFÄLLE VON VEREDELUNGSPRODUKTEN	,	,	,	,	,	,	8.643	,	,	8.643
243	39904	Gasreinigungsmassen	,	,	,	,	,	,	,	,	1	1
244	39905	Feuerlöschpulverreste	,	,	,	,	,	,	< 500 kg	,	10	10
245	39907	Rückstände mit Elementarschwefel	,	,	,	,	,	,	,	,	0	0
246	39908	Gemengereste (Glasherstellung)	,	,	,	,	,	,	3	,	0	3
247	51	OXIDE, HYDROXIDE, SALZABFÄLLE	,	,	,	,	,	,	,	,	,	,
248	51113	sonstige Metallhydroxidschlämme	,	,	,	,	,	,	,	,	0	0
249	51114	Blei-, Nickel-, Cadmiumhydroxidschlämme	,	,	,	,	,	,	,	,	0	0
250	51115	Aluminiumhydroxidschlamm, verunreinigt	,	,	,	,	,	,	,	,	1	1
251	513	SONSTIGE OXIDE UND HYDROXIDE	,	,	,	,	,	,	,	,	,	,
252	51301	Zinkoxid	,	,	,	,	,	,	,	,	0	0
253	51302	Zinkhydroxid	,	,	,	,	,	,	,	,	0	0
254	51303	Zinnstein	,	,	,	,	,	,	,	,	0	0
255	51304	Braunstein, Manganoxide	,	,	,	,	,	,	,	,	0	0
256	51305	Aluminiumoxid	,	,	,	,	,	,	,	,	0	0
257	51306	Chrom(III)oxid	,	,	,	,	,	,	,	,	0	0
258	51307	Kupferoxid	,	,	,	,	,	,	,	,	0	0
259	51308	Aluminiumhydroxid	,	,	,	,	,	,	,	,	0	0
260	51309	Eisenhydroxid	,	459	,	,	,	,	2	,	0	461
261	51310	sonstige Metallhydroxide	,	,	,	,	,	,	7	,	1	8
262	515	SALZABFÄLLE	,	,	,	,	,	,	,	,	,	,
263	51502	Häutesalz	,	,	,	,	,	,	,	,	0	0
264	51503	Natrium- und Kaliumphosphatabfälle	,	,	,	,	,	,	< 500 kg	,	0	0
265	51507	Düngemittelreste	,	,	,	,	,	,	< 500 kg	,	0	0
266	51508	Pottascherückstände	,	,	,	,	,	,	,	,	0	0
267	51519	Eisenchlorid	,	,	,	,	,	,	< 500 kg	,	0	0
268	51520	Eisensulfat	,	,	,	,	,	,	,	,	0	0
269	51523	Natriumchlorid	,	,	,	,	,	,	< 500 kg	,	0	0
270	51526	Calciumchlorid	,	,	,	,	,	,	,	,	0	0
271	51527	Magnesiumchlorid	,	,	,	,	,	,	,	,	0	0
272	51528	Alkali- und Erdalkalisulfide	,	,	,	,	,	,	,	,	0	0
273	51529	Schwermetallsulfide	,	,	,	,	,	,	,	,	0	0
274	51532	Chlorkalk	,	,	,	,	,	,	< 500 kg	,	3	3
275	51535	Vanadiumsalze	,	,	,	,	,	,	,	,	0	0
276	51541	sonstige Salze, schwer löslich	,	,	,	,	,	,	< 500 kg	,	1	1
277	52	ABFÄLLE VON SÄUREN, LAUGEN, KONZENTRATEN	,	,	,	,	,	,	,	,	,	,

Nicht gefährliche Abfälle nach Angaben der Ämter der Landesregierungen (Angaben in Tonnen)

Lfd. Nr.	SN	Abfallbezeichnungen der ÖNORM S 2100 (1990)	Burgenland[a]	Kärnten[b]	Nieder-österreich[c]	Ober-österreich[d]	Salzburg[e]	Steiermark[f]	Tirol[g]	Vorarlberg[h]	Wien[i]	Summe der Bundesländer
278	521	SÄUREN, ANORGANISCH	,	,	,	,	,	,	,	,	,	,
279	522	SÄUREN, ORGANISCH	,	,	,	,	,	,	,	,	,	,
280	524	LAUGEN	,	,	,	,	,	,	,	,	,	,
281	52402	Laugen, Laugengemische	,	,	,	,	371	,	2.548	,	15	2.935
282	52403	Ammoniaklösungen (Salmiakgeist)	,	,	,	,	,	,	80	,	16	96
283	527	KONZENTRATE	,	,	,	,	,	,	,	,	,	,
284	52701	Hypochlorit-Ablauge	,	,	,	,	,	,	53	,	0	53
285	52708	Sulfitablauge	,	,	,	,	,	,	,	,	0	0
286	52710	Gerbereibrühe	,	,	,	,	,	,	,	,	53	53
287	52717	Bleichereiablauge, chlorfrei	,	,	,	,	,	,	,	,	0	0
288	53	ABFÄLLE VON PFLANZENBEHANDLUNGS- UND SCHÄDLINGSBEKÄMPFUNGS-MITTELN SOWIE VON PHARMAZEUTISCHEN ERZEUGNISSEN UND DESINFEKTIONSMITTELN	,	,	,	,	,	,	,	,	,	,
289	531	ABFÄLLE VON PFLANZENBEHANDLUNGS- UND SCHÄDLINGSBEKÄMPFUNGS-MITTELN	,	,	,	,	,	,	,	,	,	,
290	533	ABFÄLLE VON KÖRPERPFLEGEMITTELN	,	,	,	,	,	,	,	,	,	,
291	53302	Produktionsabfälle von Körperpflegemitteln	,	,	,	,	,	,	,	,	0	0
292	535	ABFÄLLE VON ARZNEIMITTELERZEUGNISSEN	,	,	,	,	,	,	,	,	,	,
293	53504	Trester von Heilpflanzen	,	,	,	,	,	,	,	,	0	0
294	53505	Pilzmycel	,	,	,	,	,	,	,	,	0	0
295	53506	Proteinabfälle	,	,	,	,	,	,	,	,	132	132
296	53508	Lebendimpfstoffe	,	,	,	,	,	,	,	,	0	0
297	54	ABFÄLLE VON MINERALÖL- UND KOHLEVEREDELUNGSPRODUKTEN	,	,	,	,	,	,	,	,	,	,
298	541	ABFÄLLE VON MINERALÖLEN UND SYNTHETISCHEN ÖLEN	,	,	,	,	,	,	,	,	,	,
299	54122	Silikonöle	,	,	,	,	,	,	,	,	1	1
300	542	ABFÄLLE VON FETTEN UND WACHSEN AUS MINERALÖL	,	,	,	,	,	,	,	,	,	,
301	54205	Stearinpech	,	,	,	,	,	,	,	,	0	0
302	544	ABFÄLLE VON EMULSIONEN UND GEMISCHEN VON MINERALÖLPRODUKTEN	,	,	,	,	,	,	,	,	,	,
303	54404	Honöle	,	,	,	,	,	,	,	,	0	0
304	54406	Wachsemulsionen	,	,	,	,	,	,	5	,	12	17

Nicht gefährliche Abfälle nach Angaben der Ämter der Landesregierungen (Angaben in Tonnen)

Lfd. Nr.	SN	Abfallbezeichnungen der ÖNORM S 2100 (1990)	Burgenland[a]	Kärnten[b]	Nieder-österreich[c]	Ober-österreich[d]	Salzburg[e]	Steiermark[f]	Tirol[g]	Vorarlberg[h]	Wien[i]	Summe der Bundesländer
305	54407	Bitumenemulsionen	.	.	.	.	.	.	1	.	3	4
306	545	RÜCKSTÄNDE AUS DER ERDÖLFÖRDERUNG	.	.	.	.	.	.	.	.	.	.
307	54501	Bohrspülung und Bohrklein, ölfrei	.	.	.	.	.	.	.	.	0	0
308	547	MINERALÖLSCHLÄMME	.	.	.	.	.	.	.	.	.	.
309	54707	Erodierschlamm (petroleum-und graphithaltig)	.	.	.	.	.	.	< 500 kg	.	0	0
310	54708	Hon- und Läppschlamm	.	.	.	.	.	.	< 500 kg	.	0	0
311	54716	Schwefeleisen	.	.	.	.	.	.	2	.	0	2
312	548	RÜCKSTÄNDE AUS MINERALÖLRAFFINERIEN	.	.	.	.	.	.	.	.	.	.
313	54805	Rohschwefel	.	.	.	.	.	.	.	.	0	0
314	54808	wäßrige Rückstände aus der Altölraffination	.	.	.	.	.	.	.	.	0	0
315	549	SONSTIGE ABFÄLLE VON MINERALÖLPRODUKTEN UND AUS DER ERDÖLVERARBEITUNG UND KOHLEVEREDLUNG	.	.	.	.	.	.	.	.	.	.
316	54906	feste naphtalinhaltige Rückstände	.	.	.	.	.	.	.	.	0	0
317	54910	Pech	.	.	.	.	.	.	.	.	1	1
318	54911	Bitumenkoks	.	.	.	.	.	.	.	.	0	0
319	54912	Bitumen, Asphalt	.	.	.	.	8.867	.	316	.	132	9.314
320	54919	Petrolkoks, Anodenausbruch	.	.	.	.	.	.	.	.	0	0
321	54924	sonstige Schlämme aus Kokereien und Gaswerken	.	.	.	.	.	.	< 500 kg	.	3	3
322	54925	sonstige Schlämme aus der Petrochemie	.	.	.	.	.	.	.	.	0	0
323	55	ABFÄLLE VON ORGANISCHEN LÖSEMITTELN, FARBEN, LACKEN, KLEBSTOFFEN, KITTEN UND HARZEN	.	.	.	.	.	.	.	.	.	.
324	552	ABFÄLLE VON HALOGENHALTIGEN ORGANISCHEN LÖSEMITTELN UND LÖSEMITTELGEMISCHEN UND ANDEREN HALOGENIERTEN FLÜSSIGKEITEN (PCB-frei, PCT-frei)	.	.	.	.	.	.	.	.	.	.
325	553	ABFÄLLE VON HALOGENFREIEN ORGANISCHEN LÖSEMITTELN UND LÖSEMITTELGEMISCHEN	.	.	.	.	.	.	.	.	.	.
326	554	LÖSEMITTELHALTIGE SCHLÄMME; BETRIEBSMITTEL UND WÄSSRIGE GEMISCHE	.	.	.	.	.	.	.	.	.	.
327	555	ABFÄLLE VON FARBMITTELN UND ANSTRICHMITTELN	.	.	.	.	.	.	.	.	.	.

Nicht gefährliche Abfälle nach Angaben der Ämter der Landesregierungen (Angaben in Tonnen)

Lfd. Nr.	SN	Abfallbezeichnungen der ÖNORM S 2100 (1990)	Burgenland[a]	Kärnten[b]	Nieder-österreich[c]	Ober-österreich[d]	Salzburg[e]	Steiermark[f]	Tirol[g]	Vorarlberg[h]	Wien[i]	Summe der Bundesländer
328	55513	Altlacke, Altfarben ausgehärtet (auch ausgehärtete Reste in Gebinden)	,	,	,	,	182	,	,	,	48	230
329	559	ABFÄLLE VON KLEBSTOFFEN, KITTEN, NICHTAUSGEHÄRTETEN HARZEN	,	,	,	,	,	,	,	,	,	,
330	55903	Harzrückstände, nicht ausgehärtet	,	,	,	,	,	,	5	,	99	104
331	55906	Leim- und Klebemittelabfälle, ausgehärtet	,	,	,	,	203	,	30	,	5	238
332	55908	Kitt- und Spachtelabfälle, ausgehärtet	,	,	,	,	,	,	3	,	0	3
333	55909	Harzrückstände, ausgehärtet	,	,	,	,	,	,	,	,	0	0
334	57	KUNSTSTOFF-UND GUMMIABFÄLLE	2.000	,	,	,	,	,	,	,	,	2.000
335	571	AUSGEHÄRTETE KUNSTSTOFFABFÄLLE	,	,	,	,	,	,	,	,	,	,
336	57101	Phenol- und Melaminharz	,	,	,	,	,	,	30	,	0	30
337	57102	Polyester	,	,	,	,	,	,	1	,	0	1
338	57103	sonstige Gießharze	,	115	,	,	,	,	2	,	0	117
339	57104	Imprägnierharz	,	,	,	,	,	,	< 500 kg	,	0	0
340	57107	ausgehärtete Formmassen (Duroplast)	,	,	,	,	,	,	85	,	166	251
341	57108	Polystyrol, Polystrolschaum	,	,	,	,	379	,	403	,	455	1.237
342	57109	Hartpapier, Hartgewebe, Vulkanfiber	,	,	,	,	,	,	35	,	1	36
343	57110	Polyurethan, Polyurethanschaum	,	,	,	,	,	,	84	,	4	88
344	57111	Polyamid	,	,	,	,	,	,	1	,	1	2
345	57112	Hartschaum (ausgenommen solcher auf PVC-Basis)	,	,	,	,	,	,	3	,	5	8
346	57113	Kunstdarmabfälle	,	,	,	,	,	,	< 500 kg	,	0	0
347	57115	Film- und Celluloidabfälle, Röntgenfilme	,	,	,	,	,	,	10	,	6	16
348	57116	PVC-Abfälle und Schäume auf PVC-Basis	,	,	,	,	,	,	72	,	1	73
349	57117	Kunstglas-, Polyacrylat- und Polycarbonatabfälle	,	,	,	,	,	,	111	,	22	133
350	57118	Kunststoffemballagen und -behältnisse	,	,	,	,	10.359	,	,	,	424	10.783
351	57119	Kunststoffolien	,	,	,	,	3.703	,	2.688	,	1.339	7.730
352	57120	Polyvinylacetat	,	,	,	,	,	,	,	,	0	0
353	57121	Polyvinylalkoholabfälle	,	,	,	,	,	,	,	,	0	0
354	57122	Polyvinylacetal	,	,	,	,	,	,	,	,	1	1
355	57123	Epoxidharz	,	,	,	,	,	,	28	,	4	32
356	57126	fluorhaltige Kunststoffabfälle	,	,	,	,	,	,	,	,	0	0
357	57128	Polyolefinabfälle	,	,	,	,	,	,	< 500 kg	,	1	1
358	57129	sonstige ausgehärtete Kunststoffabfälle	,	1.580	,	,	1.785	,	3.844	,	33	7.242

Nicht gefährliche Abfälle nach Angaben der Ämter der Landesregierungen (Angaben in Tonnen)

Lfd. Nr.	SN	Abfallbezeichnungen der ÖNORM S 2100 (1990)	Burgenland[a]	Kärnten[b]	Nieder-österreich[c]	Ober-österreich[d]	Salzburg[e]	Steiermark[f]	Tirol[g]	Vorarlberg[h]	Wien[i]	Summe der Bundesländer
359	572	ABFÄLLE VON NICHT AUSGEHÄRTETEN KUNSTSTOFFABFÄLLEN, -FORMMASSEN UND -KOMPONENTEN	,	,	,	,	,	,	,	,	,	,
360	57203	Weichmacher ohne halogenierte organische Bestandteile	,	,	,	,	,	,	,	,	0	0
361	573	KUNSTSTOFFSCHLÄMME UND -EMULSIONEN	,	,	,	,	,	,	,	,	,	,
362	57301	Kunststoffschlamm, lösemittelfrei	,	,	,	,	,	,	30	,	5	35
363	57303	Kunststoffdispersion (auf Wasserbasis)	,	,	,	,	,	,	90	,	8	98
364	57304	Kunststoffemulsionen	,	,	,	,	,	,	,	,	0	0
365	575	FESTE GUMMIABFÄLLE (EINSCHLIESSLICH ALTREIFEN)	,	,	,	,	,	,	,	,	,	,
366	57501	Gummi	,	,	,	,	127	,	902	,	2	1.031
367	57502	Altreifen und Altreifenschnitzel	1.500	,	,	6.346	1.714	,	3.391	,	2.178	15.129
368	57503	Gummi-Asbest, asbesthaltige Bremsbeläge	,	,	,	,	,	,	,	,	0	0
369	57504	Gummi-Metall	,	,	,	,	,	,	,	,	0	0
370	57505	Latexschaumabfälle	,	,	,	,	,	,	3	,	4	7
371	57506	Gummimehl, Gummistaub	,	,	,	,	,	,	24	,	0	24
372	57507	Gummigranulat	,	,	,	,	,	,	,	,	0	0
373	577	GUMMISCHLÄMME UND -EMULSIONEN	,	,	,	,	,	,	,	,	,	,
374	57702	Latex-Schlamm, verfestigt	,	,	,	,	,	,	169	,	0	169
375	57703	Latex-Emulsionen	,	,	,	,	,	,	,	,	0	0
376	57704	Kautschuklösungen	,	,	,	,	,	,	,	,	0	0
377	57705	Gummischlamm, lösemittelfrei	,	,	,	,	,	,	< 500 kg	,	1	1
378	578	SHREDDERRÜCKSTÄNDE	,	,	,	,	,	,	,	,	,	,
379	57801	Shredderrückstände (Leichtfraktion)	,	969	,	8.226	,	,	,	,	0	9.195
380	57802	Filterstäube aus Shredderanlagen	,	,	,	,	,	,	,	,	0	0
381	58	TEXTILABFÄLLE (NATUR- UND CHEMIEFASERPRODUKTE)	3.000	,	,	,	,	,	,	,	,	3.000
382	581	TEXTILABFÄLLE UND SCHLÄMME	,	,	,	,	,	,	,	,	,	,
383	58101	Polyamidfasern	,	,	,	,	,	,	,	,	1	1
384	58102	Polyesterfasern	,	,	,	,	,	,	,	,	41	41
385	58103	Polyacrylfasern	,	,	,	,	,	,	,	,	0	0
386	58104	Cellulosefasern	,	,	,	,	,	,	17	,	0	17
387	58105	Wolle	,	,	,	,	,	,	20	,	0	20
388	58106	Pflanzenfasern	,	,	,	,	,	,	545	,	126	671
389	58107	Stoff- und Gewebereste, Altkleider	,	55	,	,	953	,	1.638	,	726	3.372
390	58114	Schlamm aus Tuchfabriken	,	,	,	,	,	,	,	,	0	0

Nicht gefährliche Abfälle nach Angaben der Ämter der Landesregierungen (Angaben in Tonnen)

Lfd. Nr.	SN	Abfallbezeichnungen der ÖNORM S 2100 (1990)	Burgenland[a]	Kärnten[b]	Nieder-österreich[c]	Ober-österreich[d]	Salzburg[e]	Steiermark[f]	Tirol[g]	Vorarlberg[h]	Wien[i]	Summe der Bundesländer
391	58115	Schlamm aus Textilfärbereien	.	.	.	.	.	.	16	.	0	16
392	58116	Schlamm aus der Textilausrüstung	.	.	.	.	.	.	6	.	0	6
393	58117	Schlamm aus Wollwäschereien	.	.	.	.	.	.	.	.	0	0
394	58118	Wäschereischlamm	.	.	.	.	.	.	32	.	0	32
395	582	TEXTILIEN, VERUNREINIGT	.	.	.	.	.	.	.	.	.	.
396	58208	Filtertücher, Filtersäcke mit anwendungsspezifischen nicht schädlichen Beimengungen	.	.	.	.	.	.	< 500 kg	.	5	5
397	59	ANDERE ABFÄLLE CHEMISCHER UMWANDLUNGS- UND SYNTHESEPRODUKTE	.	.	.	.	.	.	.	.	.	.
398	591	ABFÄLLE VON EXPLOSIVSTOFFEN	.	.	.	.	.	.	.	.	.	.
399	593	LABORABFÄLLE UND CHEMIKALIENRESTE	.	.	.	.	.	.	.	.	.	.
400	594	DETERGENTIEN- UND WASCHMITTELABFÄLLE	.	.	.	.	.	.	.	.	.	.
401	59401	Fabrikationsrückstände aus der Waschmittelherstellung	.	.	.	.	.	.	.	.	0	0
402	59402	flüssige Tenside	.	.	.	.	.	.	8	.	51	59
403	59403	feste Tenside	.	.	.	.	.	.	.	.	.	.
404	595	KATALYSATOREN	.	.	.	.	.	.	.	.	.	.
405	598	ABFÄLLE VON GEFASSTEN GASEN	.	.	.	.	.	.	.	.	.	.
406	59801	Gase in Patronen	.	.	.	.	.	.	< 500 kg	.	0	0
407	59802	Gase in Stahldruckflaschen	.	.	.	.	.	.	3	.	13	16
408	599	SONSTIGE ABFÄLLE AUS UMWANDLUNGSPROZESSEN UND SYNTHESEPROZESSEN	.	.	.	.	.	.	.	.	.	.
409	59906	Industriekehricht, nicht öl- oder chemikalienverunreinigt	.	.	.	.	10.467	.	2.179	.	0	12.646
410	71	RADIOAKTIVE ABFÄLLE	.	.	.	.	.	.	.	.	.	.
411	711	RADIOAKTIVE ABFÄLLE	.	.	.	.	.	.	.	.	.	.
412	71101	radioaktive Abfälle	.	.	.	.	.	.	.	.	0	0
413	91	FESTE SIEDLUNGSABFÄLLE EINSCHLIESSLICH ÄHNLICHER GEWERBEABFÄLLE	.	.	.	.	.	.	.	.	.	.
414	911	HAUSMÜLL	.	.	.	.	.	.	.	.	.	.
415	91101	Hausmüll und hausmüllähnliche Gewerbeabfälle	.	.	.	.	9.870	.	14.022	.	485.956	509.848
416	91102	Rückstände aus der biologischen Abfallbehandlung	.	.	.	.	.	.	.	.	15.614	15.614
417	91103	Rückstände aus der mechanischen Abfallaufbereitung	.	.	.	.	.	.	.	.	0	0
418	91104	biogene Abfallstoffe, getrennt gesammelt	.	11.501	.	.	.	.	.	.	86.423	97.924

Nicht gefährliche Abfälle nach Angaben der Ämter der Landesregierungen (Angaben in Tonnen)

Lfd. Nr.	SN	Abfallbezeichnungen der ÖNORM S 2100 (1990)	Burgenland[a]	Kärnten[b]	Nieder-österreich[c]	Ober-österreich[d]	Salzburg[e]	Steiermark[f]	Tirol[g]	Vorarlberg[h]	Wien[i]	Summe der Bundesländer
419	912	HAUSMÜLLÄHNLICHE GEWERBEABFÄLLE	,	,	,	,	,	,	,	,	,	,
420	91201	Verpackungsmaterial und Kartonagen	,	,	,	,	1.885	,	925	,	6.082	8.892
421	91202	Küchen- und Kantinenabfälle	,	,	,	,	17.062	,	19.092	,	24.145	60.299
422	91206	Baustellenabfälle (kein Bauschutt)	1.760	100.000	368.000	375.000	14.009	20.900	13.535	10.000	249.095	1.152.299
423	914	SPERRMÜLL	,	,	,	,	,	,	,	,	,	,
424	91401	Sperrmüll	,	,	,	,	984	,	310	,	42.760	44.053
425	915	STRASSENKEHRICHT	,	,	,	,	,	,	,	,	,	,
426	91501	Straßenkehricht	,	3.500	,	,	,	4.203	2	6.000	43.305	57.010
427	916	MARKTABFÄLLE	,	,	,	,	,	,	,	,	,	,
428	91601	Viktualienmarkt-Abfälle	,	,	,	,	,	,	19	,	12.276	12.295
429	917	GRÜNABFÄLLE	,	,	37.000	54.405	12.000	,	,	,	,	103.405
430	91701	Garten- und Parkabfälle	,	,	,	,	14.852	,	2.519	,	25.349	42.720
431	91702	Friedhofsabfälle	,	490	,	,	,	3.300	,	,	7.963	11.753
432	94	ABFÄLLE AUS WASSERAUFBEREITUNG, ABWASSERBEHANDLUNG UND GEWÄSSERNUTZUNG	,	,	,	,	,	,	,	,	,	,
433	941	SCHLÄMME AUS DER WASSERAUFBEREITUNG	,	,	,	,	,	,	,	,	,	,
434	94101	Sedimentationsschlamm	,	,	,	,	1.744	,	15.272	,	4	17.021
435	94102	Schlamm aus der Wasserenthärtung	,	,	,	,	,	,	90	,	3	93
436	94103	Schlamm aus der Eisenfällung	,	,	,	,	,	,	,	,	0	0
437	94104	Schlamm aus der Manganfällung	,	,	,	,	,	,	,	,	0	0
438	94105	Schlamm aus der Kesselwasseraufbereitung	,	,	,	,	,	,	,	,	0	0
439	94106	Schlamm aus der Dampfkesselreinigung	,	,	,	,	,	,	,	,	22	22
440	94107	Kesselabschlamm	,	,	,	,	,	,	,	,	0	0
441	943	NICHTSTABILISIERTE SCHLÄMME AUS MECHANISCH-BIOLOGISCHER ABWASSERBEHANDLUNG, SOWEIT SIE NICHT IN ANDEREN POSITIONEN ENTHALTEN SIND (ROHSCHLAMM, FRISCHSCHLAMM)	,	,	,	,	,	,	,	,	,	,
442	94301	Vorklärschlamm	,	,	,	,	13.144	,	,	,	0	13.144
443	94302	Überschußschlamm aus der biologischen Abwasserbehandlung	,	,	,	,	,	,	,	,	0	0
444	94303	Fäkalschlamm aus Hauskläranlagen und Sammelgruben	,	,	,	40.000	,	,	,	30.000	0	70.000
445	945	STABILISIERTE SCHLÄMME AUS MECHANISCH-BIOLOGISCHER ABWASSERBEHANDLUNG, SOWEIT SIE NICHT IN ANDEREN POSITIONEN ENTHALTEN SIND	24.000	19.500	60.000	81.300	28.200	82.500	48.900	30.000	183.900	558.300

Nicht gefährliche Abfälle nach Angaben der Ämter der Landesregierungen (Angaben in Tonnen)

Lfd. Nr.	SN	Abfallbezeichnungen der ÖNORM S 2100 (1990)	Burgenland[a]	Kärnten[b]	Nieder-österreich[c]	Ober-österreich[d]	Salzburg[e]	Steiermark[f]	Tirol[g]	Vorarlberg[h]	Wien[i]	Summe der Bundesländer
446	94501	anaerob stabilisierter Schlamm (Faulschlamm)	,	,	,	,	,	,	,	,	0	0
447	94502	aerob stabilisierter Schlamm	,	,	,	,	,	,	847	,	0	847
448	947	RÜCKSTÄNDE AUS DER KANALISATION UND ABWASSERBEHANDLUNG (AUSGENOMMEN SCHLÄMME)	,	,	,	,	,	,	,	,	,	,
449	94701	Rechengut	,	1.906	,	6.610	2.306	18.100	950	850	420	31.142
450	?4704	Sandfanginhalte	,	195	,	5.500	778	6.800	500	2.500	13.052	29.324
451	94705	Inhalte aus Fettfängen (Öl- und Fettabscheidern)	,	,	,	,	,	,	,	800	1	801
452	948	SCHLÄMME AUS DER ABWASSERBEHANDLUNG	,	,	,	,	,	,	,	,	,	,
453	94801	Schlamm aus der Abwasserbehandlung, soweit er nicht in anderen Positionen enthalten ist	,	,	8.000	,	29.377	85.000	833	,	68	123.279
454	94802	Schlamm aus der mechanischen Abwasserbehandlung der Zellstoff- und Papierherstellung	,	,	,	,	16.000	,	,	,	0	16.000
455	94803	Schlamm aus der biologischen Abwasserbehandlung der Zellstoff- und Papierherstellung	,	,	92.000	96.219	,	,	,	,	0	188.219
456	949	ABFÄLLE AUS DER GEWÄSSERNUTZUNG	,	,	,	,	,	,	,	,	,	,
457	94901	Rückstände aus der Gewässerreinigung (Bachabkehr-, Abmäh- und Abfischgut)	,	,		,	19.980	,	,	,	0	19.980
458	94902	Rechengut aus Rechenanlagen von Kraftwerken	,	,	6.600	,	,	,	,	,	0	6.600
459	95	FLÜSSIGE ABFÄLLE AUS ABFALLBEHANDLUNGSANLAGEN	,	,	,	,	,	,	,	,	,	,
460	951	FÄKALIEN AUS SAMMELGRUBEN	,	,	,	,	,	,	,	,	,	,
461	95101	Fäkalien	,	,	,	,	231	,	32	,	0	263
462	953	DEPONIESICKERWASSER	,	,	,	,	,	,	,	,	,	,
463	954	FLÜSSIGE ABFÄLLE AUS DER THERMISCHEN ABFALLBEHANDLUNG UND AUS FEUERUNGSANLAGEN	,	,	,	,	,	,	,	,	,	,
464	95401	Wasch- und Prozeßwässer	,	,	,	,	,	,	,	,	213.479	213.479
465	95402	Wasser aus Naßentschlackung	,	,	,	,	,	,	,	,	7.963	7.963
466	97	ABFÄLLE AUS DEM MEDIZINISCHEN BEREICH	,	,	,	,	,	,	,	,	,	,
467	971	ABFÄLLE AUS DEM MEDIZINISCHEN BEREICH	,	,	,	,	,	6.793	,	,	,	6.793
468	97102	desinfizierte Abfälle, außer gefährliche Abfälle gemäß ÖNORM S 2101	,	,	,	,	256	,	,	,	0	256

Nicht gefährliche Abfälle nach Angaben der Ämter der Landesregierungen (Angaben in Tonnen)

Lfd. Nr.	SN	Abfallbezeichnungen der ÖNORM S 2100 (1990)	Burgenland[a]	Kärnten[b]	Nieder-österreich[c]	Ober-österreich[d]	Salzburg[e]	Steiermark[f]	Tirol[g]	Vorarlberg[h]	Wien[i]	Summe der Bundesländer
469	97104	Abfälle, die nur innerhalb des medizinischen Bereiches eine Infektions- oder Verletzungsgefahr darstellen können, gemäß ÖNORM S 2104	,	,	,	,	,	,	4	,	11.404	11.408
470	97105	Kanülen und sonstige verletzungsgefährdende spitze oder scharfe Gegenstände, wie Lanzetten, Skalpelle u. dgl. gemäß ÖNORM S 2104	,	,	,	,	,	,	,	,	0	0
471	99	SONSTIGE SIEDLUNGSABFÄLLE EINSCHLIESSLICH ÄHNLICHER GEWERBEABFÄLLE	,	,	,	,	,	,	,	,	,	,
472	991	SONSTIGE SIEDLUNGSABFÄLLE EINSCHLIESSLICH ÄHNLICHER GEWERBEABFÄLLE	,	,	,	,	,	,	,	,	,	,
473	99102	Moorschlamm und Heilerde	,	,	,	,	,	,	2	,	0	2
474		Nicht näher spezifizierte betriebliche Abfälle	42.000	38.198	143.618	208.649	,	223.079	,	65.000	31.661	752.205
		Summen	**1.439.195**	**1.835.398**	**4.606.918**	**7.482.255**	**1.698.362**	**5.531.505**	**1.941.338**	**1.234.950**	**5.662.577**	**31.432.499**

Quellen:

a. Burgenländischer Abfallwirtschaftsplan 1997

b. Kärntner Umweltbericht 1994

c. Niederösterreichischer Abfallwirtschaftsbericht 1995 und Angaben des Amtes der Landesregierung

d. Oberösterreichischer Abfallbericht 1995

e. Abfallwirtschaftsbericht des Landes Salzburg

f. STAWIKO 1995

g. Tiroler Gewerbeabfallkataster

h. Vorarlberger Abfallwirtschaftskonzept 1997

i. Angaben MA 48 Wien

Anhang I/4

Abfälle aus Haushalten und ähnlichen Einrichtungen 1996

- gegliedert nach Bundesländern

Abfälle aus Haushalten und ähnlichen Einrichtungen 1996

Land		Restmüll	Sperrmüll	Problemstoffe	Altstoffe: Papier	Glas	Metalle	Textil	Leichtfraktion	Sonstige Abfälle	Biogene Abfälle	Gesamt
Bgl	t	29.820	5.683	350	13.472	5.986	1.740	881	4.229		14.097	76.258
	kg/Ew.a	108	20,6	1,3	48,9	21,7	6,3	3,2	15,4	k.A.	51,2	277
	Masse-%	39,1	7,5	0,5	17,7	7,8	2,3	1,2	5,5		18,5	100
Ktn	t	86.400	17.900	1.100	26.800	12.700	2.960	2.027	4.800		11.500	166.187
	kg/Ew.a	154	31,8	2,0	47,6	22,6	5,3	3,6	8,5	k.A.	20,4	295
	Masse-%	52,0	10,8	0,7	16,1	7,6	1,8	1,2	2,9		6,9	100
Nö	t	190.995	54.948	5.372	74.444	29.566	40.458	3.187	18.505	1.172	91.854	510.501
	kg/Ew.a	125	36,0	3,5	48,8	19,4	26,5	2,1	12,1	0,8	60,3	335
	Masse-%	37,4	10,8	1,1	14,6	5,8	7,9	0,6	3,6	0,2	18,0	100
Oö	t	164.120	32.198	5.831	65.788	31.020	25.369	4.189	16.852		51.763	397.130
	kg/Ew.a	119	23,3	4,2	47,6	22,5	18,4	3,0	12,2	k.A.	37,5	288
	Masse-%	41,3	8,1	1,5	16,6	7,8	6,4	1,1	4,2		13,0	100
Sbg	t	73.500	20.100	905	21.350	12.050	6.300	1.091	6.550		23.100	164.946
	kg/Ew.a	144	39,5	1,8	41,9	23,7	12,4	2,1	12,9	k.A.	45,3	324
	Masse-%	44,6	12,2	0,5	12,9	7,3	3,8	0,7	4,0		14,0	100
Stmk	t	133.961	36.296	3.506	67.381	30.616	20.879	2.187	16.185		48.959	359.970
	kg/Ew.a	111	30	3	56	25	17	2	13	k.A.	41	298
	Masse-%	37,2	10,1	1,0	18,7	8,5	5,8	0,6	4,5		13,6	100
Tirol	t	107.404	22.396	2.019	38.735	23.666	10.301	2.640	9.498		32.636	249.295
	kg/Ew.a	163	33,9	3,1	58,7	35,8	15,6	4,0	14,4	k.A.	49,4	378
	Masse-%	43,1	9,0	0,8	15,5	9,5	4,1	1,1	3,8		13,1	100
Vbg	t	37.959	3.230	1.074	21.615	10.240	2.529	1.751	4.775		7.150	90.323
	kg/Ew.a	110	9,4	3,1	62,8	29,8	7,4	5,1	13,9	k.A.	20,8	263
	Masse-%	42,0	3,6	1,2	23,9	11,3	2,8	1,9	5,3		7,9	100
Wien	t	467.256	28.171	3.491	109.304	26.849	15.687	379	8.191	21.981	79.116	760.425
	kg/Ew.a	293	17,7	2,2	68,5	16,8	9,8	0,2	5,1	13,8	49,6	477
	Masse-%	61,4	3,7	0,5	14,4	3,5	2,1	0,0	1,1	2,9	10,4	100
Österr.	t	1.291.000	221.000	24.000	439.000	183.000	126.000	18.000	90.000	23.000	360.000	2.775.000
	kg/Ew.a	160	27,4	3,0	54,5	22,7	15,6	2,2	11,2	2,9	44,7	344
	Masse-%	46,5	8,0	0,9	15,8	6,6	4,5	0,6	3,2	0,8	13,0	100

Land		Verwertung und Behandlung - erster Behandlungsschritt: Direkt auf Deponie	Mech.- biolog. Restmüllbeh.	Thermische Behandlung	Problemstoffbehandlung	Altstoffverwertung	Verwertung biog. Abfälle	Gesamt auf Deponie
Bgl	t	5.300	30.200		350	26.308	14.097	32.000
	kg/Ew.a	19,3	109,7	0	1,3	95,6	51,2	116,2
	Masse-%	7,0	39,6		0,5	34,5	18,5	42,0
Ktn	t	104.300			1.100	49.287	11.500	110.000
	kg/Ew.a	185,3	0	0	2,0	87,6	20,4	195,4
	Masse-%	62,8			0,7	29,7	6,9	66,2
Nö	t	228.900	17.000		5.372	167.332	91.854	262.000
	kg/Ew.a	150,2	11,2	0	3,5	109,8	60,3	171,9
	Masse-%	44,8	3,3		1,1	32,8	18,0	51,3
Oö	t	134.800	32.300	29.300	5.831	143.218	51.763	189.000
	kg/Ew.a	97,6	23,4	21,2	4,2	103,7	37,5	136,9
	Masse-%	33,9	8,1	7,4	1,5	36,1	13,0	47,6
Sbg	t	9.900	83.700		905	47.341	23.100	75.000
	kg/Ew.a	19,4	164,3	0	1,8	92,9	45,3	147,2
	Masse-%	6,0	50,7		0,5	28,7	14,0	45,5
Stmk	t	151.900	18.300		3.506	137.248	48.959	179.000
	kg/Ew.a	125,8	15,2	0	2,9	113,7	40,6	148,3
	Masse-%	42,2	5,1		1,0	38,1	13,6	49,7
Tirol	t	117.100	12.700		2.019	84.840	32.636	136.000
	kg/Ew.a	177,4	19,2	0	3,1	128,5	49,4	206,0
	Masse-%	47,0	5,1		0,8	34,0	13,1	54,6
Vbg	t	41.200			1.074	40.910	7.150	46.000
	kg/Ew.a	119,8	0	0	3,1	118,9	20,8	133,7
	Masse-%	45,6			1,2	45,3	7,9	50,9
Wien	t	93.300		402.100	3.491	182.391	79.116	232.000
	kg/Ew.a	58,5	0	252,0	2,2	114,3	49,6	145,4
	Masse-%	12,3		52,9	0,5	24,0	10,4	30,5
Österr.	t	887.000	194.000	431.000	24.000	879.000	360.000	1.261.000
	kg/Ew.a	110,1	24,1	53,5	3,0	109,1	44,7	156,5
	Masse-%	32,0	7,0	15,5	0,9	31,7	13,0	45,4

Umweltbundesamt
Juni 1998